Dieter B. Herrmann

ANTIMATERIE

Auf der Suche
nach der Gegenwelt

W0177437

Verlag C.H.Beck

Mit 20 Abbildungen

1. Auflage. 1999
2., aktualisierte Auflage. 2004
3., aktualisierte Auflage. 2006

4., aktualisierte Auflage. 2009

Originalausgabe
© Verlag C. H. Beck oHG, München 1999
Gesamtherstellung: Druckerei C. H. Beck, Nördlingen
Umschlagentwurf: Uwe Göbel, München
Printed in Germany
ISBN 978 3 406 44504 0

www.beck.de

Inhalt

Einleitung

Die Vorsilbe „Anti" gehört heute zum Sprachschatz des All-
tags. Fast jedes Substantiv kommt auch mit dem Präfix „Anti" vor, jedoch nicht immer in klar umrissener Bedeutung: Da
lesen wir von „Antikörpern" oder von „antiautoritärer Er-
ziehung", ein Komponist hat gar eine „Antioper" auf die
Bühne gebracht oder ein Autor einen „Antiroman" geschrie-
ben. Mitunter ist ein Substantiv ohne „Anti" gar nicht exi-
stent, denn von einer „Babypille" haben wir noch nie gehört,
aber der Begriff „Körper" hat mit den „Antikörpern" aus der
Medizin wenig zu tun.

Nun halten Sie ein Buch in der Hand, das von „Antimaterie" handelt, und fragen sich vielleicht, was wohl damit
gemeint sein könnte. Auch im Internet findet man mittler-
weile tausende Einträge zu diesem topos, doch bei weitem
nicht alle können als seriös gelten. Als ich im Jahre 1968
zum erstenmal über das Thema „Antimaterie und Astronomie" in der (Ost-)Berliner Archenhold-Sternwarte sprach,
argwöhnten manche besorgten Ideologen, es ginge in meinem
Referat um eine Widerlegung des dialektischen Materialis-
mus. Dabei ist der Begriff Antimaterie wohlbestimmt und
als terminus technicus in der modernen Physik durchaus
etabliert. Dennoch umwittert ihn die Aura des Mystischen,
haben wir es doch in unserer gewohnten Umwelt ausschließlich mit Materie, nie aber mit „Antimaterie" zu tun. Diese
ist aber beileibe nichts Immaterielles, jenseits der Wirklichkeit
Gedachtes, sondern ebenso greifbar, nachweisbar, physikalisch oder chemisch wirkend wie die Agenzien unserer gewöhnlichen Welt. Ja, wir können sogar behaupten, der ganze
Kosmos, vom kleinsten Sandkorn bis zu den gigantischen
Haufen und Superhaufen von Sternsystemen, könnte ebenso-
gut aus Antimaterie bestehen wie aus der uns vertrauten
„Normalmaterie", und wenn dies so wäre, wir würden es
nicht einmal bemerken, weil wir selbst ja dann ebenfalls aus
diesem anderen Stoff gemacht wären. Antimaterie – das ist

die Materie einer „Gegenwelt", gewöhnliche Materie, im Spiegel zu ihrem Gegenteil geworden.

Nun haben wir immer noch nicht erfahren, was eigentlich Antimaterie ist. Doch das soll auch nicht im Vorwort stehen, denn die Antwort gibt dieses Buch: Wir begeben uns auf die Suche nach Antiwelten – ein wahrhaft abenteuerlicher Exkurs durch Raum und Zeit mit vielen überraschenden Entdeckungen, aber auch mit so mancher Frage, die heute noch niemand beantworten kann.

Im ersten Kapitel werden wir einen Streifzug durch die Atomforschung von ihren Ursprüngen bis heute unternehmen, um zu erfahren, was der Physiker unter Materie versteht. Dann folgen wir der Wissenschaft in die „Gegenwelten" der Antimaterie. Eine höchstwahrscheinlich zutreffende Erklärung für das Fehlen von Antimaterie im Universum versuchen wir im dritten Kapitel zu geben. Abschließend werfen wir noch einen Blick in die mögliche Zukunft von „Antimaterie-fabriken" auf der Erde und fragen nach der technischen und wirtschaftlichen Bedeutung der Antimaterie.

Dieter B. Herrmann   *Berlin, im Frühjahr 1999*

I. Von Demokrits *atomos*
bis zum Zoo der Teilchen

Was hält die Welt zusammen?

Die meisten bedeutenden Erkenntnisse über die Welt lassen sich in ihren Anfängen bis in das antike Griechenland zurückverfolgen. Geniale Fragestellungen und Konzepte beherrschten das Denken der großen Naturphilosophen in der Antike. Selbst wenn diese über längere historische Zeiträume der Vergessenheit anheimfielen, wurden sie doch später immer wieder aufgegriffen, mittels modernerer Forschungsmethoden verfolgt, vertieft und in mancherlei Hinsicht sogar bestätigt.

Eine Kernfrage der griechischen Naturphilosophie galt den Urstoffen der Welt. Somit waren die Griechen die ersten, denen die Frage auf den Nägeln brannte, was die Welt im Innersten zusammenhält. Ihr Bestreben war es dabei – ähnlich wie in der modernen Naturforschung –, die Gesamtheit alles Bestehenden auf möglichst wenige Urgründe und Prinzipien zurückzuführen. Leukipp beantwortete diese Frage im 5. Jh. v. Chr. durch die Annahme, daß es unendlich viele Teile des Existierenden gäbe, die beliebig geformt und unzerschneidbar seien. Diese unteilbaren Atome (*atomos* – das Unteilbare) sind nach seiner Vorstellung ideale feste Körper, die sich aber miteinander verhaken, verketten und verflechten können, wodurch die mannigfaltigen Erscheinungsformen der Welt zustande kämen. So sei z.B. die Seele des Menschen aus besonders feinen Atomen zusammengesetzt. Alles, was wir von den Dingen wahrnehmen, ginge letztlich auf Atome zurück, lehrte Demokrit, denn außer Atomen und dem Leeren existiere nichts. Feine Atomschichten, die sich von den Dingen ablösten, riefen die Eindrücke hervor, die wir uns von den Objekten machten.

In der Nachfolge des Demokrit versuchte Epikur sogar die menschliche Willensfreiheit aus einer modifizierten Atomlehre abzuleiten: Außer Druck und Stoß als Ursachen der Bewegungsänderungen der Atome müßten diese auch spontan möglich sein, meinte Epikur. Wenn die moderne Physik heute von Atomen spricht, dann kann sie sich allerdings höchstens auf die Idee aus der Antike berufen. Die spätere Forschung hat mit den intuitiven philosophischen Spekulationen der Alten nur noch wenig gemein und ist im Detail auch zu ganz anderen Resultaten gekommen. Dennoch führte ein direkter Weg von den Auffassungen der Antike zu den modernen Erkenntnissen über die Beschaffenheit der Materie. Der europäischen Renaissance vor allem kommt das Verdienst zu, daß man unmittelbar an das antike Gedankengut anzuknüpfen vermochte. Diese Epoche der „Wiedergeburt" war nämlich vor allem eine der Neuentdeckung längst verlorengeglaubter antiker Texte. Diese aber waren im arabischen Kulturraum bewahrt worden und wurden so der abendländischen Wissenschaft wieder zugänglich. Sie lösten eine fruchtbare Auseinandersetzung und effektive Denkanstöße aus und sind ein Teil der Kontinuität der Wissenschaftsgeschichte überhaupt.

Lange Pause – neuer Start

Ein neuer Ansatz, der den antiken Ideen deutlich überlegen war, erwuchs aus der Chemie des 17. Jahrhunderts. Diese Wissenschaft von den Stoffumwandlungen hatte längst die Ebene gewerblicher Erfolge erreicht, als noch jedwede theoretischen Vorstellungen darüber fehlten, wie die beobachteten Erscheinungen eigentlich zustande kommen. Zwar wurde viel Chemie betrieben, aber man kannte keinerlei chemische Gesetze. Unter den Elementen verstand man noch immer Feuer, Erde, Wasser und Luft, wie schon dereinst Aristoteles. Der fruchtbringende Denkansatz, der diese Situation letztlich überwand, war der Atomismus, den der französische Gelehrte Pierre Gassendi in unmittelbarer Anlehnung an die Epikureer wieder in die Diskussion brachte. In bewußtem Gegensatz zu Descartes und dessen Idee einer kontinuierlichen und bis ins Unendliche teilbaren Materie sah Gassendi die „Körnigkeit" der Materie als gegeben an.

Der irische Chemiker Robert Boyle führte zahlreiche Experimente durch, die er auf der Grundlage der Vorstellung vom korpuskularen Aufbau der Materie zu erklären versuchte. Die antiken Vorstellungen wurden dabei bis ins einzelne herangezogen: So stellte sich z.B. Boyle in seinem berühmten Werk „The Sceptical Chymist" („Der skeptische Chemiker") von 1661 die Korpuskeln als dauerhaft bewegt und mit Häkchen, Zacken und Höhlungen versehen vor. Auf diese Weise erklärte er sich, daß aus Säureatomen (mit ihren Spitzen) und Laugenatomen (mit ihren Höhlen) Salzatome hervorgehen könnten. Doch es gab auch andere Erklärungen, wie sich die verschiedenen Atome zu Verbindungen mit neuen Eigenschaften zusammenfügen könnten. So wurde z.B. die allgemeine Massenanziehung ebenso ins Feld geführt wie die Elektrizität. Die beobachteten Phänomene der mengenmäßigen Zusammensetzung der verschiedenen Elemente zu Verbindungen konnten allerdings nur durch recht gekünstelte Zusatzhypothesen gedeutet werden. Jedenfalls waren aber gerade diese Gesetzmäßigkeiten ein deutlicher Hinweis auf die korpuskulare Natur der Materie. Wie sollte man sich sonst verständlich machen, daß die Verbindungsgewichte zweier Stoffe stets in ganzzahligen Vielfachen des geringsten Verbindungsgewichtes vorkommen? So verhalten sich z.B. die Sauerstoffgewichte in den Verbindungen N_2O, NO, N_2O_3, NO_2, N_2O_5 wie $1 : 2 : 3 : 4 : 5$. Aus diesem „Gesetz der multiplen Proportionen" schloß Dalton auf die körnige Struktur der Materie. Besonders bedeutsam war in diesem Zusammenhang die Einführung des Begriffes „Atomgewicht".

Tätige Moleküle?

Im Jahre 1827 machte der englische Botaniker Robert Brown bei seinen mikroskopischen Untersuchungen an Blütenpollen eine merkwürdige Entdeckung. Unter seinem Vergrößerungsglas tanzten die winzigen Pollen hin und her – offensichtlich ein Anzeichen ihrer Lebendigkeit.

Das erschien ihm jedoch verständlich, hatte er doch bei kleinen einzelligen Lebewesen, den sog. Infusorien ähnliche

Feststellungen treffen können. Wie erstaunt war Brown aber, als ihm auch bei winzigen Teilchen nichtorganischer Materie solche Bewegungen auffielen. Viele Gelehrte zogen daraus den Schluß, daß auch die kleinsten Teilchen anorganischer Stoffe in Wirklichkeit belebt seien; eine andere Erklärung fanden sie nicht dafür.

Wenn allerdings in der Natur kleinste Teilchen existierten, dann beobachtete man vielleicht einfach die Bewegungen solcher Partikel, die gar nichts mit einer angenommenen „Vitalität" zu tun haben mußten. Statt dessen könnten die ungeordneten Tänze der Teilchen unter dem Mikroskop von gegenseitigen Stößen herrühren, die ihrerseits Ausdruck von hineingesteckter Energie waren. Tatsächlich wurde die Entdeckung der Brownschen Bewegung zum Auslöser einer glänzenden Bestätigung der kinetischen Theorie der Wärme. Danach ist Wärme die Bewegung von Teilchen. Je höher die Temperatur eines Gases oder einer Flüssigkeit, um so größer die Bewegungsenergie der Gas- oder Flüssigkeitsmoleküle und um so heftiger auch das von Brown beobachtete Zittern und Wimmeln der Teilchen.

Allerdings blieb es einstweilen noch eine Glaubenssache, ob man in der Brownschen Bewegung einen Hinweis auf die Existenz kleinster Bausteine der Materie erblicken wollte oder nicht.

Von der Winzigkeit der Atome

Immerhin – wenn es Atome tatsächlich geben sollte, dann konnte man sich nun auch eine ungefähre Vorstellung von ihren Dimensionen machen. Wie war das möglich, wie konnte man die Größe von etwas angeben, von dem man nicht einmal wußte, ob es überhaupt existiert?

Auch diese Geschichte ist spannend: Wenn sich zwei chemische Stoffe in einer Reaktion miteinander verbinden, entsteht eine Menge des neuen Stoffs, die in einem ganz bestimmten Verhältnis zu den Volumina der Ausgangsstoffe steht. Diese keineswegs selbstverständliche Tatsache hatte der französische Physiker und Chemiker Joseph Louis Gay-Lussac zu Beginn des 19. Jahrhunderts entdeckt. So verbinden sich z.B. ein Liter Wasserstoff und ein Liter Chlorgas zu zwei Litern Chlorwasserstoff. Die Gewichtsmengen verhalten sich natürlich ganz anders: Aus einem Gramm Wasserstoff und 35,5 Gramm Chlorgas werden 36,5 Gramm Chlorwasserstoff. Verblüffend wird es, wenn man z.B. Sauerstoff und Wasserstoff miteinander reagieren läßt: Ein Liter Sauerstoff und ein Liter Wasserstoff ergeben nämlich einen Liter Wasserdampf, aber einen Rest von einem halben Liter Sauerstoff. Lassen wir jedoch zwei Liter Wasserstoff mit einem Liter Sauerstoff reagieren, verbinden sich die Stoffe restlos zu Wasserdampf – und zwar zu zwei Litern! Aus drei Litern Wasserstoff und einem Liter Stickstoff entstehen zwei (!) Liter Ammoniakgas. Bringt man die Ausgangsstoffe und das Endprodukt auf die Waage, ist man beruhigt: Die Massen stimmen – es ist nichts verlorengegangen.

Die scheinbare Paradoxie dieser Proportionen wurde im Jahre 1811 durch den italienischen Physiker Lorenzo Avogadro aufgelöst. Seine Entdeckung besagt, daß sich in gleichen Volumina von Gasen unter sonst gleichen Bedingungen (Druck und Temperatur) gleichviele Moleküle befinden. Die (ganzen) Zahlenverhältnisse z.B. bei Wasserstoff und Sauerstoff bildeten zugleich einen Hinweis darauf, daß die Moleküle dieser Elemente aus jeweils zwei Atomen bestehen. Die kinetische Theorie der Wärme besagt bekanntlich, daß die Bewegungsenergie der Teilchen die Temperatur eines Gases und seinen Druck bestimmen. Die Teilchen fliegen hin und her, stoßen mit anderen Teilchen zusammen und übertragen dabei ihre Bewegungsenergie, so daß es bei Gasen unterschiedlicher Temperatur zum Ausgleich kommt. Aus Experimenten konnte man nun herausfinden, welche Strecke ein Teilchen zurücklegt, ehe es mit einem anderen zusammenstößt. Das war der Weg zur Ermittlung der Anzahl der Teilchen in einem Liter! Der Forscher, der die von Avogadro behauptete konstante Teilchenzahl je Volumeneinheit zum ersten Mal bestimmte, war der österreichische Physiker Johann Joseph Loschmidt.

Wir schreiben inzwischen das Jahr 1865. Die heute sogenannte Loschmidt-Zahl beträgt

$$26\ 870\ 000\ 000\ 000\ 000\ 000\ 000$$

Teilchen pro Liter. Mit dem bekannten Gewicht eines Liters Wasserstoff findet man nun unschwer auch das Gewicht eines Wasserstoffmoleküls und -atoms. Es bietet sich an, anhand dieser Zahlen auch konkret über die Größe der Teilchen nachzudenken. Eine leicht nachvollziehbare Überlegung führt zu einem überraschenden Ergebnis: „Man verdünne einen Tropfen Öl mit Benzin (1 : 2000) und gebe von dieser Lösung vorsichtig einen Tropfen auf eine Wasseroberfläche. Sofort breitet sich die leichtere Flüssigkeit über dem Wasser aus und bildet einen Fleck. Wenn das Benzin verdunstet ist, bleibt eine dünne Ölschicht von etwa 10 cm Durchmesser zurück. Die Moleküle des Öls können nicht größer sein als die Dicke der Schicht, die man aus dem Volumen der ursprünglichen Ölmenge und dem Durchmesser des Flecks berechnen kann."[1] Man findet, daß die Schicht nur einige zehnmillionstel Millimeter dick ist.

Daß die Stoffe aus Atomen und Molekülen aufgebaut sind, war nun mehr als plausibel. Doch ein Beweis im Sinne exakter Wissenschaft war das noch immer nicht. Aber bald erbrachte die Forschung neue Hinweise auf die atomistische Struktur der Materie.

Rätselhafte Katodenstrahlen

In den Laboratorien der Physiker wurden nach der Mitte des 19. Jahrhunderts zunehmend Experimente über den Durchgang von Elektrizität durch Gase gemacht. Die Erfindung der Quecksilberluftpumpe ebenso wie die etwa zeitgleiche des Funkeninduktors gestatteten völlig neuartige Versuche. Die Natur hatte seit eh und je vorgemacht, was jetzt auch in den Labors möglich wurde: die Erzeugung künstlicher „Gewitter". Der Funkeninduktor erzeugte die hohen Spannungen, und die Pumpen erlaubten es, stark verdünnte Luft in verschlossenen

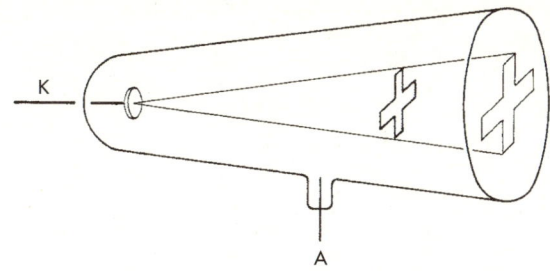

Abb. 1: Experiment zum Nachweis der geradlinigen Ausbreitung von Katodenstrahlen (K – Katode, A – Anode)

Glasröhren aufzubewahren. Legte man an eine solche Glasröhre eine hohe Spannung zwischen Katode (elektrisch negativ geladener Pol) und Anode (positiv geladener Pol), so traten merkwürdige Leuchterscheinungen auf. Die Glaswand nahe der Anode zeigte ein mystisches Glimmen, so als ob sich von der Katode zur Anode Strahlen ausbreiteten, die selbst zwar unsichtbar blieben, aber auf der Glaswand ihre Spuren hinterließen. Diese Katodenstrahlen wurden von einigen Forschern als Wellenausbreitung im Äther, von anderen als ein Strom elektrisch geladener Teilchen angesehen. Einschlägige Versuche machten bald deutlich, daß die Teilchenanhänger im Recht waren: Brachte man nämlich ein undurchdringliches Hindernis in den Raum zwischen Katode und Anode, so zeigte sich auf der leuchtenden Glaswand ein Schatten – ganz als befände sich in der Katodenmitte eine Lichtquelle. Doch ein Stabmagnet konnte die Lage dieses Schattens deutlich beeinflussen, d.h., die rätselhaften Strahlen mußten aus elektrisch geladenen Teilchen bestehen. Der Ablenkungssinn ließ erkennen, daß es sich um elektrisch negativ geladene Partikel handeln mußte. Der berühmte englische Experimentalphysiker William Crookes hatte bei seinen Untersuchungen über Katodenstrahlen sogar festgestellt, daß sie kleine drehbare Flügelrädchen im Innern der evakuierten Röhre in Drehung zu bringen vermochten. Für ihn war deshalb klar, daß es sich um einen Teilchenstrom handeln mußte. Daß diese Teilchen mit

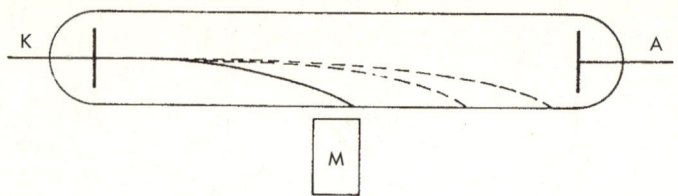

Abb. 2: Experiment zum Nachweis der elektrischen Ladung von Katodenstrahlen (K – Katode, A – Anode, M – Magnet)

den vermuteten Atomen selbst identisch sind, konnte nun allerdings nicht mehr aufrechterhalten werden, denn die Atome waren ja nach außen elektrisch neutral und konnten deshalb auch nicht auf Magnetfelder reagieren.

Doch vielleicht waren jene elektrisch negativ geladenen Partikel Bestandteile von Atomen? Das vermutete jedenfalls der englische Physiker William Thomson (Lord Kelvin). Und für einen Namen dieses elektrisch negativ geladenen Teilchens war auch schon gesorgt: Der irische Physiker George Johnstone Stoney nannte die elektrische Elementarladung Elektron! George Francis Fitzgerald ging noch einen Schritt weiter und verwendete diesen terminus direkt für die Teilchen der Katodenstrahlung.

Weitere Experimente mit Katodenstrahlen führten bald zu folgenschweren Erkenntnissen: Bringt man nämlich am Ende einer Katodenstrahlröhre ein Fenster aus einem dünnen Aluminiumblech an, so lassen sich die Elektronen auch außerhalb der Röhre – hinter dem Aluminiumfenster – nachweisen. Bei den hypothetischen Atomen, die in vielerlei Versuchen plausibel gemacht worden waren, mußte es sich um äußerst winzige Gebilde handeln. Selbst in einer Aluminiumschicht von nur einem tausendstel Millimeter Dicke sollten sich demnach rd. zehntausend Atomschichten übereinander befinden. Wie konnten dann aber die Elektronen durch diese Wand nach außen gelangen und außerdem noch einige Zentimeter in die umgebende Luft vordringen, wo man sie immer noch nachweisen konnte?

Rutherfords Analogiemodell

Es war auf keine Weise einzusehen, wie es den Elektronen gelingen sollte, durch sämtliche Lücken so vieler Atome zu schlüpfen. Die Antwort konnte nur lauten: Wenn es überhaupt Atome gibt, so handelt es sich bei ihnen keineswegs um massive Kugeln. Vielmehr mußte in diesen gedachten Gebilden außerordentlich viel „leerer" Raum vorhanden sein. Doch wie ließ sich diese Vermutung erhärten und vor allem konkretisieren? Inzwischen war dem französischen Physiker Henri Becquerel eine andere aufsehenerregende Entdeckung gelungen. Becquerel hatte einen Kaliumurankristall auf eine lichtundurchlässig verpackte Fotoplatte gelegt und diese dann entwickelt. Der Kristall hatte die Platte geschwärzt. Das hing nach Becquerels Meinung damit zusammen, daß es sich bei der von ihm verwendeten Substanz um einen fluoreszierenden Stoff handelte. Doch bei anderen Stoffen mit derselben Eigenschaft, z.B. Zinksulfid, blieb der Effekt aus. Nur bei Uransalzen erfolgte eine Schwärzung der Platte. Offensichtlich hatte das Uran die Eigenschaft, ohne jeden äußeren Anlaß spontan eine unsichtbare Strahlung auszusenden, die auf der fotografischen Platte ihre Wirkung hinterließ. Für diese Eigenschaft prägte das Forscherehepaar Marie und Pierre Curie alsbald den Begriff „Radioaktivität". Die von den radioaktiven Stoffen ausgehenden Strahlen wurden nun in ihren Eigenschaften näher untersucht. Dabei zeigte sich, daß von den radioaktiven Substanzen sowohl elektrisch negativ geladene als auch elektrisch positiv geladene Teilchen abgestrahlt wurden. Daneben gab es aber auch eine energiereiche Strahlung extrem kurzer Wellenlänge, die sogenannte Gammastrahlung.

Die elektrisch positiv geladenen Teilchen der Strahlung radioaktiver Elemente sollten binnen kurzer Zeit größte Bedeutung für die weitere Aufklärung der Eigenschaften von Atomen gewinnen: Als Geschosse, deren Flugbahnen verräterisch genug waren, um interessante Einzelheiten über die Beschaffenheit der angeblich kleinsten Teilchen zu enthüllen. Der englische Physiker Ernest Rutherford ließ solche positiv geladenen

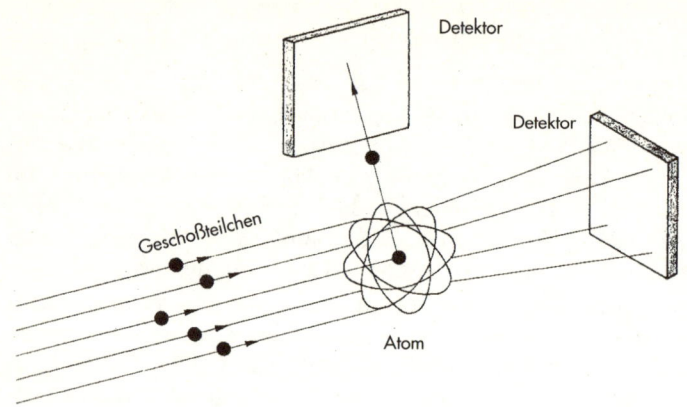

Abb. 3: Rutherfords Streuversuch. Beim Beschuß von Atomen mit Alphateilchen werden die meisten Teilchen kaum abgelenkt, einige hingegen sehr stark.

sogenannten Alphateilchen auf verschiedene Materialien prallen und untersuchte ihr Streuverhalten. Was er herausfand, war für ihn nach seinen eigenen Worten fast so verblüffend, als hätte er eine Granate auf ein Stück Seidenpapier abgefeuert und diese wäre zurückgekommen, um schließlich den Schützen selbst zu treffen. Die meisten Alphageschosse verhielten sich ähnlich wie die Elektronen der Katodenstrahlen: Sie wurden kaum abgelenkt und mußten irgendwie durch die vielen Atomschichten des beschossenen Materials hindurchgelangt sein. Doch einige wenige wurden sehr stark abgelenkt. Da nur elektrisch gleichnamige Ladungen sich gegenseitig abstoßen, blieb zur Erklärung einzig die Annahme, daß im Inneren des Atoms ein kleiner Bereich existiert, der ebenfalls elektrisch positiv geladen ist. Der größte Teil des Atoms war hingegen offenbar leer, so daß die Mehrzahl der Geschosse ungehindert passieren konnte.

Rutherford ging in seinen Experimenten noch weiter: Er veränderte die benutzten Materialien systematisch und stellte dabei fest, daß er um so stärkere und zahlreichere Ablenkungen seiner Minigeschosse erhielt, je höher die Ordnungszahl des verwendeten Elements im Periodensystem lag. Die positiven Ladungen im Atominnern stiegen also mit der Ordnungszahl der Elemente an.

Durch diese Entdeckung wurde Rutherford fast zwangsläufig zu einem Modell des Atoms geführt, wie es in dieser konkreten Gestalt bis dahin nicht möglich gewesen war: Das Atom mußte aus einem elektrisch positiv geladenen Kern bestehen, der für die Ablenkung der ebenfalls positiv geladenen Alphateilchen sorgte, die Rutherford bei seinen Streuversuchen beobachtet hatte. Da das Atom aber nach außen keinerlei Spuren elektrischer Ladung erkennen läßt, war wohl auch eine „kompensierende" elektrische Gegenladung vorhanden. Die mit der Ordnungszahl des Elements ansteigende Kernladung führt schließlich noch zu der Folgerung, daß auch die Zahl der negativ geladenen Teilchen in gleicher Weise zunehmen muß, um für die Atome jedes beliebigen Elements die elektrische Neutralität zu sichern. Ungleichnamige Ladungen ziehen sich an. Warum stürzen dann die negativen Ladungsträger nicht in den Kern hinein? Offenbar – so die Überlegungen von Rutherford – aus demselben Grund, der auch das Abstürzen der Planeten des Sonnensystems in das Zentralgestirn verhindert: Zwar zieht die gewaltige Masse der Sonne die Planeten an, doch bewegen sich diese auf elliptischen Bahnen um das Massezentrum, so daß entsprechende Fliehkräfte der Anziehungskraft entgegenwirken. In Analogie zum Planetensystem handelte es sich demnach beim Atom offensichtlich um die Miniausgabe dessen, was Astronomen im Universum beobachten – mit dem Unterschied allerdings, daß im System der Mikrowelt elektrische Ladungen anstelle von Massen das Geschehen wesentlich bestimmen, während sie im Sonnensystem für die Bewegung der Planeten keine Rolle spielen.

Es schien also völlig klar, daß die Atome nichts anderes waren als Planetensysteme im Miniformat – mit einem sehr kleinen Kern (auch die gewaltige Sonne ist klein im Verhältnis zur Ausdehnung des gesamten Planetensystems), den die negativ geladenen Elektronen auf geschlossenen Bahnen umrasen.

Niels Bohr löst ein Rätsel

So genial die Interpretation der Streuversuche auch schien, so verblüffend es auch war, daß man auf diese Weise einen tiefen Blick in die Mikrowelt geworfen hatte – das Analogiemodell hatte zwei Mängel, die man nicht einfach als unbedeutende Schönheitsfehler beiseiteschieben konnte: Die Tatsache, daß sich ein oder mehrere negativ geladene Teilchen um einen positiv geladenen Zentralkörper bewegen sollten, bedeutet nach den Gesetzen der klassischen Physik einen Dipol, der ständig elektromagnetische Strahlung abgeben muß. Dadurch verlieren die umlaufenden Elektronen Bewegungsenergie, so daß sie schließlich in den Kern stürzen müßten. Außerdem kannte man aus den Untersuchungen der Chemiker die scharfen Linien in den Spektren der Gase. Es werden also beim Leuchten verdünnter Gase nur diskrete Wellenlängen von Strahlung emittiert. Doch einen Zusammenhang zwischen den Umlauffrequenzen der Elektronen im Atom nach Rutherford und den Wellenlängen der Linien fand man nicht.

Auf diese Situation reagierte ein junger dänischer Physiker namens Niels Bohr mit einem ungewöhnlichen Vorschlag: Die Elektronen können sich nicht in irgendwelchen beliebigen Bahnen bewegen, wie z.B. die Planeten im Sonnensystem, sondern nur in ganz bestimmten Bahnen, die durch ihre Energie gekennzeichnet sind. Dort aber gelten dann nicht die Gesetze der klassischen Physik. Vielmehr kann der Umlauf der Elektronen auf diesen Bahnen ohne Energieverlust vonstatten gehen. Je weiter entfernt vom Atomkern die Elektronen umlaufen, desto höher ist ihre Energie und umgekehrt. Zwischen den „erlaubten" Bahnen gibt es keine weiteren. Wird das Elektron einer energetisch niedrigen Bahn von einem Lichtquant getroffen, dessen Energie ausreichend ist, um es in eine energetisch höhere, ebenfalls erlaubte Bahn zu befördern, so wird das Elektron angehoben. Von der energetisch höheren Bahn fällt es spontan auf eine niedrigere Bahn zurück. Die zwischen den beiden Bahnen bestehende Energiedifferenz wird in Form eines Photons (Lichtteilchens) abgestrahlt.

Aus diesem Grunde können auch stets nur Linienspektren mit diskreten Wellenlängen auftreten. Bohrs Hypothese beseitigte also die beiden Hauptmängel des Atommodells von Rutherford mit einem Schlag; außerdem konnte man sich nun auch das Zustandekommen der Linien in den Spektren leuchtender Gase erklären. Überzeugend war vor allem die zahlenmäßige Übereinstimmung zwischen Theorie und Experiment. Aus der Untersuchung der Spektren waren natürlich die von den verschiedenen Gasen ausgesendeten Wellenlängen genau bekannt. Man hatte sogar ganze Serien von Linien im Spektrum des Wasserstoffs gefunden, die jeweils nach ihren Entdeckern benannt sind. Die Theorie lieferte die lückenlose Erklärung für diese Spektren und erfüllte damit die Forderung des Theoretikers Arnold Sommerfeld, der einmal erklärt hatte, das Problem des Atoms sei gelöst, „wenn man gelernt hätte, die Sprache der Spektren zu verstehen".[2]

Ein berühmtes Experiment, das anschaulich verdeutlicht, worum es sich hier handelt, gelang den beiden Physikern

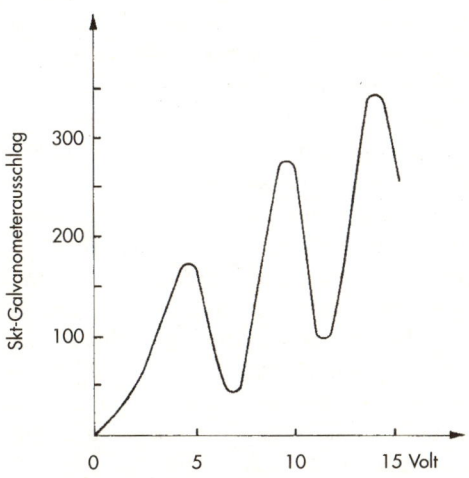

Abb. 4: Der Anodenstrom in Abhängigkeit von der Anodenspannung beim Franck-Hertz-Versuch

Gustav Hertz und James Franck im Jahre 1914. Sie füllten ein zylindrisches Rohr mit Quecksilberdampf und legten ein elektrisches Feld an. Nun wurde der jeweils fließende Strom bei steigender Spannung gemessen. Statt eines ständigen Ansteigens des Stroms mit wachsender Spannung fiel der Wert bei 4,9 Volt und ganzzahligen Vielfachen dieses Wertes fast auf Null zurück, um bei weiter zunehmender Spannung wieder zuzunehmen. Nach der Bohrschen Atomtheorie entspricht dieser Spannung genau der Wert, der erforderlich ist, um ein Elektron des Quecksilberatoms auf das nächsthöhere Energieniveau anzuheben. Beim spontanen Zurückfallen des Elektrons auf das niedrigere Niveau wird denn auch prompt die entsprechende Linie einer Wellenlänge von 253,7 µm emittiert.

Die Sphärenmusik des Atoms

Das Licht hatte zu sprechen begonnen, und die Physiker waren im Begriff, die Sphärenmusik des Atoms zu verstehen. Allerdings redeten die Spektren noch viele Worte, die einstweilen rätselhaft blieben. In den Spektren gab es zahlreiche detaillierte Strukturen, die auf Bohrs einfache Erklärungen nicht passen wollten. Doch es war nur noch eine Frage der Zeit, bis auch diese Feinheiten verständlich wurden. Die Hauptquantenzahlen, mit denen Bohr die Energieniveaus der erlaubten Kreisbahnen der Elektronen gekennzeichnet hatte, wurden bald durch Nebenquantenzahlen ergänzt, die auf Arnold Sommerfeld zurückgehen und elliptischen Elektronenbahnen entsprachen. Zu jeder Hauptquantenzahl gibt es demnach noch mehrere Nebenquantenzahlen. Sie beschreiben die jeweiligen stationären Ellipsenbahnen der Elektronen gleicher Energie. Mit Hilfe dieser Entdeckung konnten nun auch die Feinstrukturen der Spektren erklärt werden.

Allerdings galt dies alles zunächst nur für das Wasserstoffatom mit einem einzigen Elektron in der Hülle und einem einzigen positiv geladenen Kernbaustein. Komplizierter aufgebaute Atome widersetzten sich einstweilen der Berechenbarkeit ihrer Spektren. Auch waren keineswegs alle grundlegenden

Fragen beantwortet: Wie konnte z.B. ein Atomkern zusammenhalten, der aus mehr als einem positiven Kernbaustein bestand? Da sich gleichnamige Ladungen abstoßen, hätte ein solcher Kern doch gar nicht stabil sein dürfen …

Letztlich zeigte sich, daß die Ideen von Niels Bohr nur der Anfang eines durchaus erfolgreichen Weges zum Verständnis der Vorgänge war. Die Wirklichkeit erwies sich jedoch als weitaus komplizierter, und das Bohrsche Atom war nur eine idealisierte und in vielerlei Hinsicht auch stark vereinfachte Vorstellung vom Aufbau der Materie – eben ein Modell. Je mehr man sich der Wirklichkeit näherte, je besser es mit neuen Ideen über das Atom gelang, die Fülle der beobachteten Details zu verstehen, um so weiter entfernte man sich allerdings gleichzeitig von der Anschaulichkeit. Im Lichte späterer Erkenntnisse kamen Vorstellungen und Begriffe in die Atomistik hinein, die wir nur noch mit Mühe in vorstellbare Bilder pressen können.

Zunächst war im Zusammenhang mit dem Bohrschen Atommodell noch die Frage nach dem rätselhaften „atomaren Kitt" offengeblieben. Möglicherweise hing dieses Problem mit einem weiteren Elementarteilchen zusammen, das Walter Bothes Experimente mit Beryllium 1932 nahelegten: Eine Teilchenstrahlung, die höchst energiereich war, aber von elektrischen Feldern nicht beeinflußt werden konnte, wies den Weg zum Neutron, das keine elektrische Ladung besitzt und die gleiche Masse wie das Proton aufweist. James Chadwick gilt als Entdecker dieses bis dahin unbekannten Elementarteilchens. In den Atomkernen befinden sich demnach jeweils sowohl Protonen wie auch Neutronen, weshalb die Massenzahl der Atomkerne im Allgemeinen auch stets doppelt so groß ist wie die Kernladungszahl, die ja nur von der Anzahl der Protonen bestimmt wird.

Vielleicht bewirkte dieses Neutron auch den Zusammenhalt der Kernbausteine durch eine Kraft, die allerdings nur eine sehr geringe Reichweite besitzen konnte, denn außerhalb des Atoms trat sie nicht in Erscheinung. Innerhalb ihres kleinen Wirkungsbereiches mußte sie andererseits sehr stark sein.

Noch ein Teilchen

Beim Studium der Betastrahlung radioaktiver Elemente hatte man schon zu Beginn des Jahrhunderts eine interessante Feststellung getroffen: Die negativ geladenen Teilchen, die spontan von radioaktiven Atomen ausgeschleudert werden, verfügen über alle möglichen Energien von Null bis zu einem Höchstwert. Dies war insofern überraschend, als doch die Strahlungsvorgänge stets mit ganz bestimmten Energien, nicht aber mit beliebigen Werten verbunden sind, wovon ja die Linien in den Spektren der Gase das eindrucksvollste Zeugnis ablegten. Ein junger deutscher Physiker, der damals 31jährige Wolfgang Pauli, hatte eine Erklärung: Jedes Elektron, das von radioaktiven Atomen spontan abgestrahlt wird, verfügt über die Maximalenergie. Aber diese geht nicht in jedem Fall auf das Betateilchen über, sondern verteilt sich statistisch auf das Betateilchen und ein weiteres, experimentell noch nicht nachgewiesenes Teilchen. Dadurch haben manche Betateilchen die Energie Null (bei ihnen ist die gesamte Energie auf das hypothetische Teilchen übertragen worden), andere die Maximalenergie (bei ihnen wird die gesamte Energie vom Betateilchen selbst mitgeführt), ein großer Teil aber verfügt über dazwischenliegende Energiewerte. Der italienische Physiker Enrico Fermi taufte das geheimnisvolle neue Teilchen „Neutrino", weil es elektrisch neutral wie das Neutron, aber offenbar viel masseärmer sein mußte. Pauli war sich darüber im klaren, daß er einen geistigen Spagat gewagt hatte: Er hatte etwas, das nicht vorhanden ist, mit etwas anderem erklärt, das man nicht nachweisen konnte – ein Elementarteilchen aus der Not geboren! Obschon die Neutrinos bis heute geheimnisumwittert geblieben sind – so weiß man z.B. noch immer nicht, ob sie eine (winzige) Masse besitzen oder nicht – handelt es sich bei ihnen doch um reale Teilchen, die allerdings erst im Jahre 1956 wirklich nachgewiesen werden konnten. Doch noch war man mit dem Entdecken neuer Elementarteilchen nicht am Ende.

Zu Beginn des 20. Jahrhunderts hatte man eine aus dem Weltall kommende energiereiche Teilchenstrahlung gefunden. Die Erforschung dieser „kosmischen Höhenstrahlung" bescherte im Jahre 1936 ein weiteres Elementarteilchen, das exakt die Ladung des Elektrons aufwies, dieses aber an Masse etwa um den Faktor 200 übertraf. Es erhielt wegen der Mittelstellung seiner Ladung zwischen Elektron und Proton die Bezeichnung „Mesotron". Später wurde es jedoch umgetauft – zunächst in Meson, bis man herausfand, daß es davon zwei Sorten gibt, das Pi-Meson (oder Pion) und das μ-Meson (oder Myon). Die Theoretiker bemühten sich um die Klärung der Rolle dieser Teilchen in der Mikrophysik und forderten gelegentlich auch noch weitere, bislang nicht entdeckte Teilchen, von denen sie sogar die erwarteten Eigenschaften beschrieben. Doch mit den bis dahin üblichen Hilfsmitteln konnte man nicht mehr tiefer in die Geheimnisse dieser Miniwelten eindringen – das Fernrohr für die Mikrowelt mußte her – eine Art Mikroskop, das allerdings mit den Gesetzen der klassischen Optik nichts mehr zu tun hatte.

Karussells für Winzlinge

Die wichtigsten Hilfsmittel für die Erforschung der Mikrowelt sind die Teilchenbeschleuniger. Dabei handelt es sich um technische Einrichtungen, mit deren Hilfe elektrisch geladene Teilchen, wie z. B. Protonen oder Elektronen auf hohe Geschwindigkeiten beschleunigt werden können. Die Wechselwirkung dieser mit hoher Energie versehenen Partikel mit anderen Teilchen gibt dann auf komplizierte Weise Aufschluß über die Verhältnisse in der Mikrowelt.

Die einfachsten Teilchenbeschleuniger sind die uns bereits bekannten Gasentladungsröhren, wie sie in den Laboratorien der Physiker des 19. Jahrhunderts benutzt wurden. Die aus der Katode austretenden Elektronen werden im elektrischen Feld zur Anode hin beschleunigt. Welche Energie die Elektronen dabei aufnehmen, hängt von der Spannung ab. Ist die Anode durchbohrt, so können die durch das Loch gelangenden Elektronen durch eine zweite Anode weiter beschleunigt werden. Durch diesen Trick einer stufenweisen Beschleunigung gelingt es, Elektronen sehr hohe Energien unter Verwendung kleiner Spannungen zu erteilen. Natürlich können auch andere elektrisch geladene Teilchen auf diese Art zu hochenergetischen Partikeln werden.

Die soeben geschilderte stufenweise Beschleunigung elektrisch geladener Teilchen ist die Grundlage des Linearbeschleunigers.

Eine wegweisende Idee zur Vereinfachung des Beschleunigungsverfahrens hatte im Jahre 1928 der amerikanische Physiker Ernest Orlando Lawrence. Er probierte seine Idee als junger Mann erstmals mit Hilfe einer winzigen Metalldose aus, die nicht größer war als eine Käseschachtel. Lawrence wollte erreichen, daß man sehr hohe Teilchenenergien zur Verfügung hatte, ohne sehr hohe Spannungen zu benötigen und sehr lange Anordnungen bauen zu müssen. Er sagte sich: Warum sollen die Teilchen eigentlich nicht immer wieder dieselbe Wegstrecke durchlaufen, die dann allerdings gekrümmt wäre? Die Idee des Zyklotrons war geboren.

Ein Zyklotron besteht aus zwei elektrisch gegenpolig geladenen Halbdosen, die sich ihrerseits in einem luftleeren Gefäß befinden. Ein von außen wirkendes Magnetfeld sorgt für die kreisförmige Bewegung der elektrisch geladenen Teilchen in der Dose. An den beiden Halbdosen liegt eine Wechselspannung an. Die Frequenz der Wechselspannung ist auf den Umlaufrhythmus der Teilchen abgestimmt: Immer wenn das Teilchen den Raum zwischen den beiden Halbdosen erreicht, wird das elektrische Feld so umgepolt, daß das Teilchen in die andere Halbdose hineingezogen und beschleunigt wird. Mit zunehmender Energie laufen die jeweiligen Partikel auf Bahnen mit immer größerem Radius, bis sie schließlich an den Dosenrand gelangen und die Dose mit der maximal erreichbaren Energie verlassen.

Ein Elektron verfügt über die Energie von einem Elektronenvolt, wenn es eine Spannungsdifferenz von einem Volt durchlaufen hat. Um einem Teilchen die Energie von 80 000 Elek-

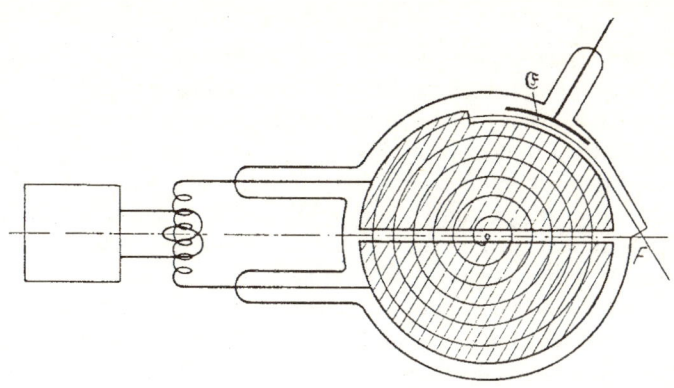

Abb. 5: Prinzipskizze eines Zyklotrons. Zwei dosenförmige Hohlelektroden, die durch einen schmalen Spalt voneinander getrennt sind, werden an einen Hochfrequenzschwingkreis angeschlossen. Sie befinden sich in einem evakuierten Gefäß zwischen den Polschuhen eines großen Elektromagneten. In der Mitte liegt eine Ionenquelle. Die Frequenz ist so abgestimmt, daß die Ionen jeweils beim Eintreffen am Spalt eine Energievermehrung erfahren.

tronenvolt (80 keV) zu verleihen, muß es demnach eine Spannungsdifferenz von 80 000 Volt durchlaufen. Das Zyklotron brachte in dieser Hinsicht einen außerordentlichen Fortschritt: Bereits im Jahre 1931 erzielten Lawrence und seine Mitarbeiter mit einem sehr kleinen Zyklotron (Dosendurchmesser: 11,5 cm) Protonenenergien von 80 000 000 eV (80 MeV) unter Verwendung einer Spannung von nur knapp 1000 V. Die weitere technische Entwicklung auf diesem Gebiet hat erstaunliche Resultate gezeitigt: Die Steigerung der Dimensionen und dementsprechend auch der magnetischen Feldstärken sowie der Spannungen und Frequenzen gestattet es, mit einem Zyklotron mittlerer Leistungsfähigkeit einige 100 MeV zu erreichen.

Allerdings hat ein Zyklotron auch seine Grenzen. Nach Einsteins Erkenntnis aus dem Jahre 1905 (Spezielle Relativitätstheorie) hängen nämlich Energie und Masse als äquivalente Erscheinungsformen der Realität durch die Beziehung $E = m \times c^2$ zusammen. Hier bedeuten E die Energie, m die

Masse und c die Lichtgeschwindigkeit. Mit zunehmender Energie eines Teilchens vergrößert sich daher auch dessen Masse. Dadurch laufen nicht mehr alle Teilchen mit der gleichen Umlaufszeit, der Rhythmus der Feldumpolung stimmt nicht mehr für alle Teilchen, sie geraten aus dem Takt.

Dieses Problem löst das Synchroton. Mit Beschleunigern dieses Prinzips gelingt es, die bisher höchsten Energien überhaupt zu erzeugen. Grundlage ist das uns bereits vom Zyklotron bekannte Prinzip der Mehrfachbeschleunigung, bei dem Teilchen immer wieder dieselbe Beschleunigungsstrecke durchlaufen. Doch durch die schon erwähnte relativistische Massenzunahme verändern sich die Umlaufsfrequenzen. Diesem Umstand trägt das Synchroton Rechnung, indem die Beschleunigungs- und die Umlauffrequenz synchronisiert werden. Auch die zur Umlenkung benutzten Magnetfelder werden auf raffinierte Weise zeitlich variiert. Mit anderen Worten: Die Geschwindigkeit der Teilchen, die Beschleunigungsfrequenz und die Magnetfeldstärke sind höchst „kunstvoll" aufeinander abgestimmt, wofür ein kompliziertes Steuerungssystem sorgt.

Der Bahnverlauf der Teilchen muß nicht mehr unbedingt durchgehend gekrümmt sein; vielmehr wechseln geradlinige Strecken und gekrümmte Wege einander ab. Dann muß aber auch das Magnetfeld nicht mehr längs der gesamten Bahn der Teilchen wirksam sein. Die Magnetfelder werden nur noch eingesetzt, um die Teilchen von ihrer geradlinigen Bewegung in den nächsten geradlinigen Abschnitt ihrer Bahn umzulenken.

Für höhere Energien benötigt man auch größere Beschleuniger. Außerdem sind die Bedingungen für die Beschleunigung von Protonen und Elektronen sehr verschiedenartig. Deshalb werden heute – je nach den speziellen Aufgaben, die mit einem Beschleuniger gelöst werden sollen – viele unterschiedliche Typen von Beschleunigern verwendet. Die Höchstenergien, die mit den Beschleunigeranlagen der modernen Physik erreicht werden, konnten binnen weniger Jahrzehnte in erstaunlichem Maße gesteigert werden: Lag man noch in den dreißiger Jahren bei einigen hundert Kiloelektronenvolt (keV), so brachte es das Zyklotron schon in den vierziger Jahren auf fast 50 Megaelektronenvolt (MeV). Mit dem Synchrozyklotron gelang es um 1970, Teilchen auf bis zu einem Gigaelektronenvolt (GeV) zu beschleunigen. Das Elektronensynchroton des Europäischen Zentrums für Kernforschung (CERN) in Genf erreicht sogar das 500fache dieses Wertes.

Durch die Einführung neuer Beschleunigertypen sind die erreichbaren Höchstenergien in den vergangenen Jahrzehnten etwa alle sieben Jahre um den Faktor 10 angestiegen. Trotz der damit verbundenen höheren Kosten ist es gelungen, den finanziellen Aufwand je Gigaelektronenvolt drastisch zu senken. Schon bei Protonsynchrotons konnte man eine Reduktion des Kostenfaktors je GeV um den Faktor 20 erzielen, bei den noch leistungsfähigeren Protonenspeicherringen hofft man auf eine Kostensenkung je GeV um den Faktor 100. Die „Karussells" für Winzlinge sind dennoch sehr teuer – aus den bescheidenen Anfängen der Laboratoriumsphysik zu Beginn des Jahrhunderts ist inzwischen eine wahrhafte „Big Science" geworden. Was Wunder, wenn die großen Beschleuniger immer häufiger in multinationaler Zusammenarbeit konzipiert, gebaut und genutzt werden.

Teilchen mit noch höheren Energien als sie gegenwärtig in irdischen Beschleunigern erzeugt werden können, gelangen mit der kosmischen Höhenstrahlung aus dem Universum zu uns. Die Partikel haben teilweise Energien, die um den Faktor eine Milliarde über den technisch erzeugbaren Teilchenenergien liegen. Allerdings hat der Experimentator bei der kosmischen Strahlung auf das „Angebot" keinen Einfluß, er muß nehmen, was, wann und von wo es kommt. Die Durchführung gezielter und geplanter Experimente wird durch diesen Umstand natürlich stark eingeschränkt. Dennoch hat die kosmische Strahlung in der Geschichte der Elementarteilchenforschung eine beachtliche Rolle gespielt. Viele Elementarteilchen, die man heute auch in den Großlabors mit Beschleunigern erzeugen kann, entstehen nämlich bei der Wechselwirkung von hochenergetischen Teilchen der kosmischen Primärstrahlung mit den Bestandteilen der Erdatmosphäre. Sie wurden auf diese Weise entdeckt.

Natürlich hat die Erforschung der kosmischen Strahlung hauptsächlich Bedeutung für das Verständnis von Vorgängen im Universum. Die Beantwortung solcher Fragen wie: Woher stammen die Teilchen?, auf welche Weise werden sie so stark beschleunigt? u. a., gestattet uns tiefe Einblicke in die Prozesse bei der Explosion von Sternen (Supernovae) oder in die Vorgänge in den Kernen von fernen Sternsystemen, aber auch in die physikalische Beschaffenheit der gewaltigen Räume zwischen den Sternen und Sternsystemen. Die besonders interessante Primärstrahlung, also das ursprünglich im Bereich der Erde eintreffende Teilchenspektrum noch vor der Wechselwirkung mit der Atmosphäre, kann allerdings nur unter Einsatz von Ballonen, Raketen und Satelliten sowie Tiefraumsonden studiert werden.

In irdischen Beschleunigern kann man den Teilchen aus prinzipiellen Gründen keine beliebig großen Energien verleihen. Je weiter man die Teilchen beschleunigt, desto schwerer werden die Teilchen entsprechend der Speziellen Relativitätstheorie. Die in die Teilchen investierte Energie führt also in immer geringerem Maße zur Geschwindigkeitserhöhung, statt dessen aber zum Anwachsen der Partikelmassen, die sich deshalb der weiteren Beschleunigung immer stärker widersetzen. Die Dimensionen von Beschleunigern für höhere Partikelgeschwindigkeiten, und damit auch die Kosten, würden ins Unermeßliche steigen, bei minimalem Gewinn an Geschwindigkeiten.

Doch da kam eine neue Idee ins Spiel, die bereits 1943 patentiert, aber lange Zeit unbeachtet geblieben war. Auch hatte es zunächst an den technischen Möglichkeiten zu ihrer Realisierung gefehlt. Die Grundidee besteht darin, daß die Teilchenstrahlen nicht – wie z.B. beim Kreisbeschleuniger – auf ruhende Teilchen treffen, deren Eigenschaften studiert werden sollen. Statt dessen werden in einem sogenannten Speicherring zwei Teilchenstrahlen gegenläufig geführt, so daß sie frontal zusammenstoßen. Allerdings sind die Chancen tatsächlicher

Zusammenstöße wegen der Winzigkeit der Teilchen bei einmaliger Begegnung zweier Teilchenstrahlen extrem gering – selbst dann, wenn man die Strahlen durch Magnetfelder auf wenige Millimeter Querschnitt fokussiert. Um diese Schwierigkeit zu umgehen, werden Teilchen unterschiedlicher elektrischer Ladung in einem ringförmigen Gebilde (Speicherring) gegenläufig herumgeführt. Die Wahrscheinlichkeit für Zusammenstöße steigt enorm an, denn die Teilchen laufen in der Kollisionsmaschine mehrere hunderttausendmal je Sekunde herum. Ohne diesen Trick müßte man jahrelang warten, ehe einige der für die Forschungen gewünschten Treffer zustande kommen würden. Ein Unterschied zum klassischen Synchroton besteht darin, daß man die Untersuchungseinrichtungen für die eintretenden Wechselwirkungen der kollidierenden Teilchen unmittelbar am Speicherring anbringen muß. Bei den üblichen Kreisbeschleunigern werden die hochenergetischen Teilchenströme nach Verlassen des Ringes in z.T. recht weit entfernte Laboratorien geführt.

Heute gibt es zahlreiche große Beschleunigeranlagen in aller Welt, vor allem in den USA, Europa, Japan, Rußland und China. Was wir heute über den Aufbau der Mikrowelt wissen, verdanken wir zu einem wesentlichen Teil diesen technischen Hilfsmitteln.

Das moderne Bild der Mikrowelt

Mitunter wiederholen sich methodische Wege der Wissenschaft auf verschiedenen Gebieten und zu verschiedenen Zeiten in ähnlicher Weise. So entstand z.B. mit der Entdeckung immer neuer chemischer Elemente die Frage, ob es nicht einen inneren Zusammenhang dieser vielen Substanzen mit teilweise extrem unterschiedlichen, teils aber auch ähnlichen Eigenschaften gäbe. Besonders nachdem man in der Lage war, die relativen Atommassen exakt zu bestimmen, rückte das Problem einer sinnvollen „Sortierung" der Elemente immer mehr in den Vordergrund. Versuche in dieser Richtung waren bereits im ersten Drittel des 19. Jahrhunderts unternommen worden, z. B. in Gestalt der sogenannten Triaden, wie etwa Lithium – Natrium – Kalium, bei denen die Atommasse des mittleren Elements das arithmetische Mittel der beiden anderen beträgt. Ende der 60er Jahre des 19. Jahrhunderts gingen der Russe Mendelejew und der Deutsche Lothar Meyer systematisch vor und suchten nach einer funktionalen Beziehung zwischen den spezifischen Eigenschaften der verschiedenen Elemente und deren Atomgewicht. Das Ergebnis war nach langem Probieren das Grundschema des heutigen Periodensystems der Elemente. Bald lernte man verstehen, welche inneren Zusammenhänge des Atomaufbaus jeweils zu diesen unterschiedlichen Eigenschaften der Elemente führen. Man hatte letztlich alle Elemente der Natur (einschließlich noch gar nicht entdeckter Elemente) auf ein einfaches Grundprinzip zurückgeführt.

In einer ganz ähnlichen Lage befanden sich die Physiker, nachdem neben den Elementarteilchen Proton, Neutron und Elektron immer weitere, z. T. sehr kurzlebige Elementarteilchen entdeckt wurden, die man zunächst auf keinerlei Weise in einem System unterbringen konnte. Woher kamen die Neutrinos, die beim radioaktiven Betazerfall plötzlich in Erscheinung traten? In welchen Zusammenhang waren die Pionen und Myonen einzuordnen? Vollends verwirrend war die bedeutsame Entdeckung, daß weder das Neutron noch das Proton als wirklich elementar betrachtet werden konnten. Ähnlich wie einst Rutherford gezeigt hatte, daß Atome aus noch kleineren Bausteinen bestehen, gelang es im Jahre 1974, auch für die Protonen und Neutronen Bausteine experimentell nachzuweisen. Dies geschah vor dem Hintergrund einer schon mehr als zehn Jahre zuvor aufgestellten Hypothese der beiden amerikanischen Theoretiker Murray Gell-Mann und George Zweig. Angesichts des unübersehbaren „Partikelzoos" von mehr als 200 verschiedenen Teilchen, die bei Experimenten mit großen Beschleunigern gefunden worden waren, waren die beiden Forscher davon überzeugt, daß letztlich ganz wenige Bausteine zur Erklärung der verwirrenden Vielfalt ausreichend sein würden. Sie gaben diesen Grundbausteinen den

	Quarks		Leptonen	
Ladung	+2/3	–1/3	–1	0
	up	down	Elektron	Elektron-Neutrino
	(blau, rot, grün)	(blau, rot, grün)	e⁻	n_e
	charm	strange	Myon	Myon-Neutrino
	(blau, rot, grün)	(blau, rot, grün)	µ⁻	n_μ
	top	bottom	Tau	Tau-Neutrino
	(blau, rot, grün)	(blau, rot, grün)	–	n

Abb. 6: Die nach dem gegenwärtigen Wissensstand letzten Bausteine
der Materie

zweifellos merkwürdigen Namen „Quarks" – aus einem ebenfalls recht irrational anmutendem Grund: In dem Roman
„Finnegans Wake" von James Joyce kommt nämlich der Satz
vor: „Three quarks for Master Mark". Und da auch Gell-
Mann und Zweig gerade drei der hypothetischen Teilchen benötigten, griffen sie auf das Wort „Quark" zurück.

Was sollte es nun mit diesen „Quarks" für eine Bewandtnis
haben? Welche der inzwischen bekannten Tatsachen sollten
mit ihrer Hilfe erklärt werden?

Ähnlich wie beim Periodensystem der Elemente war den
Forschern bereits damals deutlich geworden, daß die vielen
Partikel des „Teilchenzoos" bestimmte Ähnlichkeiten aufwiesen: So verfügte z. B. das Proton fast über die gleiche Masse
wie das Neutron, der Spin beider Teilchen – eine Art Eigen-
drehimpuls – war gleich, nur die Ladung unterschied sich.

Dies traf für ganze Gruppen von Teilchen zu: Es gab neben
Proton und Neutron noch zahlreiche weitere Teilchen, die
sämtlich in Masse, Spin und einer ladungsartigen Kennzahl
(Baryonenzahl) übereinstimmten, sich aber im Vorzeichen der
elektrischen Ladung unterschieden (Isospingruppe). Mit ihren
drei Quarks wollten Gell-Mann und Zweig nun diese Eigenschaften erklären. Auf welche Weise, werden wir gleich darstellen. Doch zuvor noch das stärkste Argument zugunsten
der realen Existenz von Quarks – die Experimente!

Im Jahre 1974 gelang es Samuel Chao Chung Ting am Brookhaven National Laboratory und Burt Richter in Kalifornien, die Existenz elementarster Bausteine jenseits der Protonen und Neutronen durch Versuche zu beweisen. Die Vorgehensweise war ganz ähnlich, wie schon bei der Entdeckung der Protonen als Bestandteile des Atomkerns: Beim Beschuß von Protonen mit energiereichen Elektronen flogen die meisten der negativ geladenen Teilchen ungehindert durch die positiv geladenen Kernbausteine hindurch. Einige jedoch wurden erheblich abgelenkt. Die Deutung lag auf der Hand: Der größte Teil des Protons ist leer, aber in diesem Protonenvolumen gibt es elementare Partikel mit elektrischer Ladung, die für die seltenen Ablenkungen der Elektronen sorgen. Sowohl aus den Experimenten als auch aus theoretischen Überlegungen heraus gelang es, die Eigenschaften dieser Quarks abzuleiten, die sich als höchst seltsam erwiesen. So tragen die Quarks z. B. gebrochene Ladungen der Elementarladung des Elektrons (=1). Das sog. u-Quark weist eine Ladung von 2/3 der Elementarladung, das sog. d-Quark eine solche von –1/3 auf. Die beobachtete Ladung des Protons von +1 ergibt sich gerade, wenn man annimmt, daß es aus zwei u-Quarks (Ladung +4/3) und einem d-Quark (Ladung –1/3) besteht. Da das Neutron nach außen keine elektrische Ladung aufweist, muß es sich aus einem u-Quark (Ladung +2/3) und zwei d-Quarks (Ladung –2/3) zusammensetzen. Neben den gebrochenen Ladungen verfügen die Quarks auch noch über die „Farben" rot, grün und blau – eine Umschreibung für ladungsartige Eigenschaften.

Mit Hilfe der Quarks ließen sich auch die Spinzahlen der Protonen und Neutronen (sowie überhaupt aller Baryonen) und die der Mesonen erklären. Die Spinzahlen der Baryonen sind nämlich stets nichtganzzahlig und auch nie Null, die der Mesonen hingegen stets 0 oder 1. Die Quarks verfügen über den Spin 1/2 (je nach Richtung mit negativem oder positivem Vorzeichen). Diese Tatsachen ergeben sich zwangsläufig, wenn man davon ausgeht, daß die Baryonen aus je drei Quarks, die Mesonen aber aus je zwei Quarks zusammengesetzt sind. Unverständlich erschien allerdings zunächst, warum zwei Elementarteilchen, die aus gleichvielen Quarks bestehen, erhebliche Massenunterschiede aufweisen. Merkwürdig war auch, daß die einzelnen Quarks größere Massen besitzen, als die Elementarteilchen, die aus ihnen aufgebaut sind. So bestehen z.B. das Ro-Meson und das Pi-Meson jeweils aus 2 Quarks, trotzdem übersteigt die Masse des Ro-Mesons die des Pi-Mesons um den Faktor 600! Doch die Erklärung wurde bald gefunden: Im einen Fall sind die Spins nämlich gleich ausgerichtet, im anderen Fall entgegengesetzt. Der Massenunterschied zwischen den beiden Teilchen entspricht genau der Energie, die man benötigt, um den Spin eines Quarks „umzuklappen". Die Berücksichtigung der Masse-Energie-Äquivalenz gemäß der Speziellen Relativitätstheorie war also des Rätsels Lösung – auch bei den schweren Teilchen.

Schließlich wurde noch ein viertes und ein fünftes Quark gefunden, von der Existenz eines sechsten sind die Elementarteilchenphysiker überzeugt. Sie wissen allerdings auch, daß es schwer zu finden sein wird – vor allem, weil man keinerlei Vorstellungen darüber besitzt, welche Masse es aufweisen könnte.

Für die Quarks ist inzwischen ein Ordnungsschema entwickelt worden, bei dem die verschiedenen „Sorten" und Eigenschaften durch „Quantenzahlen" (Indizes) gekennzeichnet sind. Der erste Index kennzeichnet die „Farbladung" und läuft von 1 bis 3; der zweite Index bezeichnet den „Geschmack" (flavour), d.h., ob es sich um ein u-, d-, ch-, s-, b- oder das noch unentdeckte sechste t-Quark handelt. Selbst wenn das sechste Quark gefunden würde, bleibt doch die uralte Frage offen, ob die Quarks auf der einen und die Leptonen auf der anderen Seite wirklich die nicht mehr weiter teilbaren Urbausteine der Materie darstellen. Für alle Physiker, die den letzten Wahrheiten höchste Einfachheit zuschreiben wollen, ist dies mit Sicherheit nicht der Fall. Denn noch immer benötigen wir viel zu viele „Elementarteilchen" – nämlich zwei Familien mit je sechs Elementen – um die uns bekannte Wirklichkeit zu beschreiben. Vielleicht kann man noch elementarere Teilchen finden, die in der Mikrowelt jenseits von Quarks und Leptonen liegen und die wirklichen Bausteine der Bestandteile aller Mitglieder der Teilchenfamilien bilden? Das Kind ist noch nicht geboren, aber einen Namen hat es schon: Die noch hypothetischen kleinsten Subeinheiten sollen Haplonen oder Rishonen heißen. Ob es sie wirklich gibt, weiß man nicht.

Ungeklärt sind auch die merkwürdigen gebrochenen Ladungen der Quarks. Darüber hinaus ist es unbekannt, warum Ladungen nur bestimmte Werte und nicht jeden beliebigen Betrag annehmen können.

Wir haben bisher nur nebenher von den Kräften gesprochen. Doch spielen diese beim Verständnis der Prozesse eine entscheidende Rolle. Je weiter wir in den Mikrokosmos vordringen, um so mehr stellt sich die Frage, ob es überhaupt einen Sinn hat, die Teilchen als unabhängige Objekte zu betrachten, oder ob nicht die Kräfte immer stärker an Bedeutung gewinnen. Die Bindungsenergien, die z.B. die Quarks im Inneren von Protonen oder Neutronen zusammenhalten, sind nämlich durchaus vergleichbar mit der Ruheenergie der Teilchen selbst. Im Lichte dieser Tatsache sind die Quarks auch in vieler Hinsicht von anderen, größeren Teilchen sehr verschieden. Sie lassen sich nicht aus den Protonen oder Neutronen herausholen, ja sie kommen überhaupt nirgends als freie Teilchen vor. Es gibt keine Möglichkeit einen „Quark-Strahl" zu erzeugen, wie man beispielsweise einen Elektronen- oder einen Protonenstrahl erzeugen kann. Dasselbe würde auf die hypothetischen noch kleineren Bestandteile der Quarks oder Leptonen

Stärke und Reichweite der vier Grundkräfte

Urkraft	Relative Stärke	Reichweite in cm
Starke Kernkraft	1	10^{-13} bis 10^{-14}
Elektromagnetische Kraft	10^{-3}	praktisch unendlich
Schwache Kraft	10^{-14}	kleiner als 10^{-14}
Schwerkraft	10^{-39}	praktisch unendlich

Abb. 7: Die vier Grundkräfte

zutreffen, weil diese noch ungleich stärker gebunden sein müßten als es die Quarks in den Kernbausteinen (Nukleonen) sind. Deshalb kann man die Quarks auch mit einiger Berechtigung als „Quasiteilchen" bezeichnen. Mit den klassischen Teilchen sind sie jedenfalls nicht zu vergleichen. Eher handelt es sich im Innern der Nukleonen um eine Art von „Brei", dessen Beschaffenheit wesentlich durch die Kräfte oder Wechselwirkungen bestimmt wird. Zwar geht aus Experimenten hervor, daß es sich bei den Quarks um Teilchen mit einem bestimmten Durchmesser handelt, aber alles in allem sind die Quarks wohl doch eher ein Hilfsmittel zur anschaulichen Beschreibung höchst komplizierter und in Wirklichkeit völlig unanschaulicher Tatsachen.

Die uns bekannten Kräfte sind durch ihre „Wirkungssphäre" und durch ihre relative Stärke bestimmt. Hinzu kommt die Ladung und das jeweilige „Bindeteilchen", durch dessen Austausch die Kräfte zustande kommen. Wir wollen versuchen, dies verständlich zu machen: In der Natur kennen wir vier Grundkräfte: Die Gravitation (Schwerkraft), die elektrische und magnetische Kraft (elektromagnetische Kraft) sowie die starke und die schwache Kernkraft.

Die starke Kernkraft ist die stärkste aller uns bekannten Kräfte. Sie bindet die Protonen und Neutronen im Kern sowie die Quarks in den Nukleonen zusammen. Die schwache Kernkraft ist nur etwa ein Hundertbillionstel so stark und ist für den radioaktiven Betazerfall der Atomkerne, aber auch für die Energiefreisetzung im Innern der Sonne von Bedeutung. Die schon seit längerem bekannte elektrische und die magnetische Kraft konnten bereits im 19. Jahrhundert zur elektromagnetischen Kraft vereinigt werden. Sie ist etwa ein Tausendstel so stark wie die starke Kernkraft. Schließlich kommt noch die Gravitation hinzu, die allgemeine Massenanziehung. Ihre „Ladung" ist die Masse, und sie wirkt außerordentlich schwach (in Einheiten der starken Kernkraft nur 10^{-39}), dafür aber praktisch unendlich weit.

Das Wirken der Kräfte wurde durch den Feldbegriff interpretiert. Danach ist z.B. ein mit Masse behafteter Körper von einem Gravitationsfeld umgeben. Die Feldlinien reichen in den Raum hinein, so daß auf diese Weise zwei weit entfernte Körper direkt aufeinander einwirken können. Dieses Feldkonzept wurde nun überall angewendet, wo Kräfte beobachtet wurden; hatte sich doch die Feldtheorie sowohl für die Phänomene der Massenanziehung bis in die fernsten Fernen des Weltalls ebenso bewährt wie für die elektromagnetischen Phänomene.

Andererseits lehrt uns aber die moderne Physik, daß man z. B. das Licht nicht nur als eine elektromagnetische Welle beschreiben kann, sondern ebenso als eine Teilchenstrahlung. Die „Lichtteilchen" sind demnach Energieportionen, die den als elektromagnetische Welle interpretierten Lichtstrahl darstellen und seine Wirkung vermitteln. Die Gleichungen der elektromagnetischen Feldtheorie beschreiben demnach die Ausbreitung dieser Teilchen im Raum. Es findet also keine unmittelbare Fernwirkung durch das elektromagnetische Feld statt, sondern eine Ausbreitung" von Teilchen. Der Physiker sagt, das Photon sei das Feldquant oder Bindeteilchen der elektromagnetischen Kraft.

Auch die anderen kräftevermittelnden Felder besitzen ihre Feldquanten: Bei der starken Kernkraft sind es die Gluonen, bei der schwachen Kernkraft die schweren „W-Teilchen" und bei der Gravitation das bisher noch nicht entdeckte Graviton. Alle diese Feldquanten zusammen nennt man die Bosonen.

Will man sich das Wirken der Bosonen verständlich machen, so hilft am besten das Bild zweier Boote, in denen sich

Durch den Austausch von Teilchen
entsteht KRAFT

Abb. 8: Wirkungsweise der Austauschteilchen: So, wie auf die Boote als Folge des Austausches eines Balls eine Kraft wirkt, kommen die Kräfte zwischen den Bausteinen der Materie durch die Bosonen zustande.

je eine Person befindet. Werfen sich diese Personen abwechselnd einen Ball zu (Bindeteilchen, Feldquant), so bewegen sich die Boote voneinander fort – es kommt jeweils eine auf die beiden Boote wirkende Kraft zustande. Zwischen zwei Quarks fliegen – um in diesem Bild zu bleiben – gleichsam die Gluonen hin und her; dadurch wird die starke Kernkraft übertragen usw. Die Masse dieser Kräfteträger bestimmt übrigens wesentlich die Reichweite der Kräfte. Große Massen bedeuten kleine Reichweiten, kleine Massen hingegen große Distanzen der Wirkung. Auch dieser Umstand läßt sich an unserem Bild vom „Ballspiel" gut veranschaulichen: Je schwerer die geworfenen Bälle sind, um so weniger weit müssen sie geworfen werden. Natürlich sind alles dies nur Bilder, Modelle, die einige Seiten der ablaufenden Vorgänge verständlich machen können, aber mit den tatsächlichen Prozessen keineswegs identisch sind.

Zu den wichtigsten Fragen, die sich im Zusammenhang mit den Grundkräften ergeben, gehört das Problem ihrer Zahl: Gibt es wirklich nur vier Kräfte? Lange Zeit kannte man drei. Dann gelang es, die elektrische und magnetische Kraft auf die elektromagnetische zurückzuführen. Nun waren es nur noch zwei Kräfte. Doch dann wurden die starke und die schwache Kernkraft entdeckt. Könnte es nicht vielleicht noch weitere, bislang unbekannte Kräfte in der Natur geben? Gelegentlich wurde sogar die Entdeckung solcher Kräfte vermeldet, die sich durch extrem geringe Stärke und vergleichsweise kleine Reichweiten auszeichnen sollen. Einen wissenschaftlichen Beweis dafür gibt es jedoch bisher nicht. Ein anderes wesentliches Problem liegt in der Frage, ob nicht überhaupt alle uns bekannten Kräfte auf eine einzige Urkraft zurückgeführt werden können. An dieser Frage wird weltweit seit Jahrzehnten gearbeitet, bislang ohne durchschlagenden Erfolg. Die Überzeugung von der Existenz einer solchen Urkraft ist aber unter den Fachexperten nicht nur weit verbreitet, sondern geradezu unerschütterlich.

Wir sind am Ende unseres Exkurses über das heutige Bild von der Mikrowelt angelangt. Vieles konnte nur gestreift und nicht im Detail erläutert werden. Das Grundgerüst jedoch, das wir benötigen, um jetzt den geistigen Sprung in die „Antiwelten" zu wagen, ist damit errichtet. Streng chronologisch sind wir allerdings nicht vorgegangen, denn die ersten Zeichen vom Vorhandensein einer Antiwelt fallen bereits in jene Jahre, in denen der Physiker Pauli die Existenz des Neutrinos forderte.

II. Antiteilchen – Antiwelten

Unverhofft kommt oft

Zu den am häufigsten benutzten Meßgeräten in den frühen Jahren der Atomphysik zählten die Geiger-Müller-Zählrohre und die Nebelkammern. Das Geiger-Müller-Zählrohr – eine Weiterentwicklung früherer Ideen vom Beginn des Jahrhunderts – wurde 1928 erfunden. Es besteht aus einem zylindrischen Rohr, das mit Luft und Alkoholdampf gefüllt ist. Zwischen einem axialen Draht und der Rohrwandung wird eine Hochspannung angelegt, die aber noch zu gering ist, um eine dauernde selbständige Glimmentladung auszulösen. Gelangt nun ein ionisierendes Teilchen von außen in das Innere des Rohrs, so werden die Elektronen der Gasatome losgeschlagen, und es entsteht ein Gemisch aus elektrisch positiv und negativ geladenen Teilchen. Dadurch kommt ein Entladungsstoß zustande, der über ein Zählwerk erfaßt werden kann. Der Alkoholdampf im Innern des Rohres führt zum raschen Verlöschen der Entladung. Anschließend ist das Rohr wieder zum Nachweis eines weiteren Teilchens bereit.

Bei der Nebelkammer, die im Jahre 1912 erfunden wurde, handelt es sich um ein Gefäß, das mit übersättigtem Wasserdampf gefüllt ist. Beim Durchgang elektrisch geladener Teilchen kondensiert sich der Wasserdampf längs der Flugbahn der Teilchen, so daß deren Bahn bei entsprechender Beleuchtung sichtbar wird. Ein Magnetfeld bewirkt die Krümmung der Teilchenbahn. Daraus kann die Polarität der Ladung des jeweiligen Teilchens abgelesen werden, sofern die Flugrichtung des Teilchens bekannt ist.

Zwei Physiker machten unter Verwendung dieser kernphysikalischen Meßgeräte um 1930 interessante Beobachtungen: Der Italiener Bruno Rossi untersuchte die kosmische Sekundärstrahlung und konnte die Ergebnisse nur unter der Annahme deuten, daß sowohl elektrisch positive wie auch negative Teilchen in sein Zählrohr eingedrungen waren. Das erschien derart ungewöhnlich, daß die Fachzeitschrift, der Rossi seine

Resultate zur Veröffentlichung einreichte, das Manuskript zurückwies – kein Einzelfall in der Wissenschaft. Am Cavendish Laboratory in Cambridge (England) versuchte P. M. S. Blackett die merkwürdige Entdeckung seines italienischen Kollegen aufzuklären. Dazu benutzte er eine Nebelkammer, die aber so betrieben wurde, daß sie nur dann eine Aufnahme herstellte, wenn gleichzeitig drei Geiger-Müller-Zählrohre angesprochen hatten. Auch er fand ganze Schauer von elektrisch positiv wie auch negativ geladenen Teilchen. Als Blacketts Mitarbeiter G. Occhialini den überraschenden Befund auf dem soeben entwickelten Film seinem Chef Ernest Rutherford zeigte, soll dieser ihm auf der Stelle einen Fünfzig-Pfund-Scheck ausgestellt haben. Wie man das Ergebnis allerdings deuten sollte, das wußte auch Rutherford nicht.

Kurz danach beobachteten zwei andere Physiker, der Amerikaner Carl David Anderson und der Niederländer Seth Neddermeyer dasselbe noch einmal – aber mit mehr Glück. In der Mitte der Nebelkammer befand sich eine Bleiplatte. Das Foto mit der Teilchenspur zeigte eine im Magnetfeld gekrümmte Bahn, die jedoch oberhalb der Bleiplatte die stärkere Krümmung aufwies. Das Teilchen mußte sich also beim Durchgang durch die Platte verlangsamt haben und folglich von unten gekommen sein. Dank der nun bekannten Flugrichtung konnte auch die elektrische Ladung einwandfrei ermittelt werden: Das Teilchen war elektrisch positiv. Ein Proton konnte es aber nicht sein – dann hätte es eine viel stärkere Abbremsung in der Platte erleiden müssen. Die Daten sprachen dafür, daß es sich um ein Teilchen von der Masse des Elektrons handelte, jedoch mit positiver Ladung. Das war etwas bis dahin völlig Unbekanntes: ein „Anti"-Elektron! Auch Rossi und Blackett hätten dieselbe Entdeckung schon vorher machen können, denn sie hatten gleichfalls ein positiv geladenes Elektron nachgewiesen, es aber nicht eindeutig als solches erkannt. Auch die Röntgen-Strahlen sind bereits vor Röntgen beobachtet worden, ebenso der Planet Uranus vor seiner Entdeckung durch Herschel. Eine Beobachtung ist eben noch keine Entdeckung! Viele bedeutende Entdeckungen kommen – auch

Abb. 9: Beim Aufprall vom Gammastrahlung auf ein Proton entsteht ein Elektron-Positron-Paar, das in der Wilsonschen Nebelkammer infolge eines elektrischen Magnetfeldes als eine in sich gegabelte Spiralstruktur erscheint.

heute noch – unverhofft. Plötzlich wird eine Tatsache gefunden, die alle Fachexperten überrascht, weil sie von niemandem erwartet wurde und sich möglicherweise auch nicht in die herrschenden theoretischen Vorstellungen einfügt. Im Fall des positiv geladenen Elektrons war es allerdings anders: Das wußte jedoch wiederum der Entdecker des Positrons nicht.

Die Löcher des Paul Dirac

Nachdem Niels Bohr die Quantenhypothese in die Atomtheorie eingeführt hatte – die Elektronen eines Atoms können immer nur bestimmte Energiewerte annehmen –, war rasch klar, daß noch eine wesentliche Frage bearbeitet werden mußte: Einsteins Spezielle Relativitätstheorie mußte in diese Theorie einbezogen werden. Die Geschwindigkeiten der Elektronen im Atom liegen nämlich in der Größenordnung der Lichtgeschwindigkeit. Damit liefert die klassische Physik nur noch Näherungslösungen. Die von Heisenberg und Schrödinger entwickelte Quantenmechanik und die Relativitätstheorie mußten also irgendwie zusammengebracht werden, um eine zutreffende Theorie des Elektrons zu erhalten.

Dieser Aufgabe unterzog sich der englische Theoretiker Paul Dirac. In der Relativitätstheorie ergibt sich nun – im Unterschied zur klassischen Physik – für die Energie des Teilchens eine Quadratwurzel. Das bedeutet sowohl positive wie auch negative Werte für die Teilchenenergie. Wie sollte man sich aber eine negative Teilchenenergie vorstellen? Ein Teilchen mit negativer Energie – das schien etwas völlig Sinnloses zu sein. Auf der anderen Seite war es höchst unbefriedigend, das nicht Interpretierbare einfach beiseite zu lassen, als wäre es nicht vorhanden. Dirac versuchte deshalb, das Problem durch eine neue mathematische Formulierung aus der Welt zu schaffen. Bei diesem Versuch fand er zunächst den Elektronenspin, die „Dralleinheit" des Elektrons mit seinen zwei Einstellmöglichkeiten im Magnetfeld: parallel zu den Feldlinien oder antiparallel (entsprechend dem Spin + 1/2 und − 1/2). Danach hatte Dirac zwar nicht gesucht, es war aber dennoch ein bedeutsamer Erfolg auf dem Wege zum Verständnis der Eigenschaften von Elementarteilchen. Im übrigen verschwand das Problem der negativen Teilchenenergien trotz des neuen mathematischen Ansatzes nicht. Um die negativen Energien zu verstehen, ersann Dirac seine „Löchertheorie": Der „leere" Raum ist von Elektronen mit negativer Energie erfüllt, ohne daß wir davon etwas bemerken. Die Energie dieser Elektronen beträgt nach Einstein $E = -m \times c^2$, die Energie eines „normalen" Elektrons hingegen $E = +m \times c^2$. Die Differenz zwischen der Energie der beiden „Elektronenarten" ist folglich $2 \, m \times c^2$. Hier bedeuten m die Ruhmasse des Elektrons und c die Lichtgeschwindigkeit. Nun stelle man sich eine energiereiche Strahlung der Energie von mindestens $2 \, m \times c^2$ vor (das sind 1,022 MeV, also ein Gammaquant), das in das „Meer" der Elektronen mit negativer Energie eindringt. Aufgrund seiner eigenen Energie ist es in der Lage, ein Elektron negativer Energie auf das energetische Niveau eines Elektrons mit positiver Energie, also eines gewöhnlichen Elektrons anzuheben. Dadurch entsteht also ein Elektron. Zurück bleibt im „Meer" der Elektronen ein – Loch. Und was könnte es mit diesem Loch für eine Bewandtnis haben? Man stelle sich eine

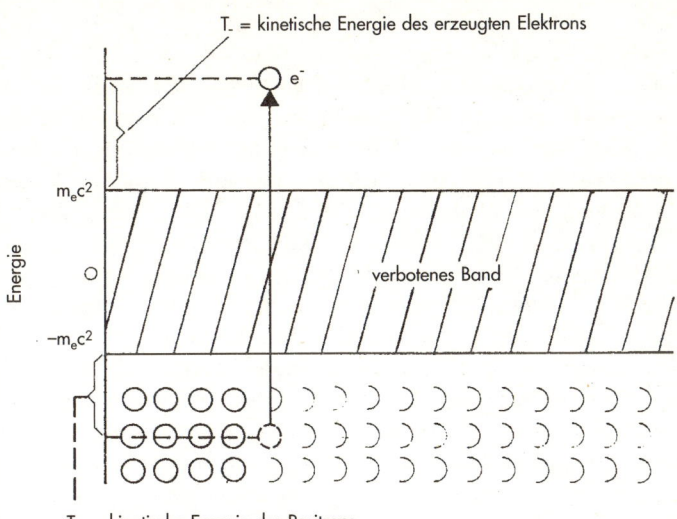

Abb. 10: Skizze zur Veranschaulichung der Löchertheorie von Paul Dirac. Das „Loch" im Meer der Elektronen negativer Energie ist ein Positron.

Luftblase in einer Flüssigkeit vor – ebenfalls eine Art „Loch" inmitten des flüssigen Mediums. Die Blase steigt nach oben! Sie verhält sich genau wie eine Flüssigkeitsblase mit negativer Masse. Während die Blase nämlich nach oben steigt, würde die gleich große Flüssigkeitskugel nach unten fallen, angezogen von der Masse der Erde.

Das „Loch" im Meer der Elektronen negativer Energie wäre dementsprechend ein Elektron mit positiver Ladung. Es würde im übrigen die bekannten Eigenschaften der gewöhnlichen Elektronen besitzen, nur mit einem umgekehrten Ladungsvorzeichen.

Diracs Idee war in ihrer Konsequenz wahrhaft phantastisch: Gleichsam aus der Energie der Gammastrahlung sollte ein Paar elektrisch entgegengesetzt geladener Elektronen erzeugt werden können. Die Forderung nach der Existenz eines bis dahin unbekannten Teilchens, nämlich des positiv gela-

45

denen Elektrons, bedeutet das theoretische Konzept der Antimaterie.

Geniale Ideen in der theoretischen Physik sind meist durch sehr junge Leute entwickelt worden. Das Durchschnittsalter der Physiker, die mit bahnbrechenden Vorstellungen zum Fortschritt der Physik beitrugen, war zum Zeitpunkt ihrer Entdeckung etwa 30 Jahre. Dirac war 26 Jahre alt, als er seine „Antimateriekonzeption" 1928 erdachte. Rückblickend gestand er allerdings ein, daß ihm die Forderung nach einem positiv geladenen Elektron selbst allzu verrückt erschien und er es deshalb nicht wagte, mit einer solchen Idee an die Öffentlichkeit zu treten: „Sobald ich dieses (Loch-)Bild erdachte, fiel mir auf, daß die Theorie vollkommen symmetrisch zwischen den positiven und negativen Energien ist, so daß das Loch die gleiche Masse wie das Elektron haben sollte. Aber zu jener Zeit war das einzige bekannte Teilchen mit einer positiven Ladung das Proton. Die Leute glaubten, daß die Gesamtheit der Materie mit Hilfe des Elektrons und Protons, nur mit diesen beiden Teilchen, erklärt werden müßte. Man brauchte nur zwei Teilchen, denn es gab nur zwei Arten der Elektrizität … Es mußte Elektronen für die negative und Protonen für die positive Elektrizität geben, und das war alles. Ich wagte es einfach nicht, zu jener Zeit ein neues Teilchen zu postulieren, denn das ganze Meinungsklima war damals gegen neue Teilchen. So dachte ich, das Loch müßte ein Proton sein. Ich war mir sehr wohl bewußt, daß eine enorme Massendifferenz zwischen Proton und Elektron bestand, aber ich dachte, daß die Coulomb-Kraft zwischen den Elektronen im See zum Auftreten einer unterschiedlichen Masse für das Proton führen könnte. So publizierte ich meine Arbeit über dieses Thema als Theorie der Elektronen und Protonen."[3]

Was Dirac mit Rücksicht auf das „Meinungsklima" nicht aussprach, wurde ihm nun von einem 17 Jahre älteren prominenten Mathematiker vorgeworfen: Hermann Weyl erwiderte auf die Veröffentlichung Diracs, wenn dessen Theorie richtig sei, kämen nur streng gleiche Massen für die negativ und positiv geladenen Teilchen in Frage! Auch die beiden Experimentalphysiker Anderson und Neddermeyer hatten zunächst an die Spur eines Protons in ihrer Nebelkammer gedacht – dagegen sprach jedoch die schwache Abbremsung des positiv geladenen Teilchens in der Bleiplatte. Hätten sie die Arbeiten von Dirac und Weyl gekannt, wäre ihnen sofort klar gewesen, daß sie etwas gefunden hatten, was von anderen bereits erwartet wurde.

Die Einstein-Formel von der Äquivalenz zwischen Masse und Energie war offensichtlich eine sehr tiefgehende Beschreibung der Realität. Hatte sich doch experimentell gezeigt, daß man zwei Teilchen der Elektronenmasse aus elektromagnetischer Strahlung der äquivalenten Energie erzeugen konnte – oder besser: Daß die Umwandlung von Energie in Masse tatsächlich funktionierte und quantitative Übereinstimmung mit Einsteins Gleichung bestand. War auch das Umgekehrte denkbar – die „Vernichtung" (Umwandlung) von Masse in Energie? Bereits das Diracsche Löchermodell verlangt geradezu diesen Prozeß. Man braucht sich nämlich nur zu fragen: Was geschieht eigentlich, wenn man ein Elektron in ein „Loch" im See der Elektronen negativer Energien fallen läßt? Offensichtlich verschwinden Elektron und Loch und die Energiedifferenz, d.h., die den beiden Massen nach Einstein entsprechende Energie wird in Form von (Gamma-)Strahlung freigesetzt. Mit anderen Worten: Treffen ein Elektron und ein Positron zusammen, so findet deren „Vernichtung", Zerstrahlung (Annihilation), also Umwandlung in Energie statt.

Hoffnung für Astrophysiker

Die nunmehr experimentell gesicherte Zerstrahlung von Materie beim Zusammentreffen mit Antimaterie war nicht nur ein beachtlicher Triumph für Einsteins Relativitätstheorie, sondern erweckte auch große Hoffnungen in den Kreisen der Astrophysiker. Seit der Entdeckung des Energieerhaltungssatzes durch Helmholtz und J. R. Mayer war die Frage nach der Herkunft der Sternenergie Thema wissenschaftlicher Debatten. Aufgrund der gemessenen Energieabstrahlung der Sonne war rasch klar, daß ein einmal – etwa bei der Entstehung der Sonne – entstandener Energievorrat, der durch Strahlung allmählich aufgebraucht wird, nicht ausreicht, um das Leuchten der Sonne über größere Zeiträume aufrechtzuerhalten. Ohne Zweifel bedurfte es einer kontinuierlichen Nachlieferung. Doch woher konnte diese stammen? Naheliegend erschien zunächst der Vorgang der Kontraktion, einer allmählichen Zusammenziehung der Sonne. Hierbei wird mechanische Energie in Wärme verwandelt. Berechnungen zeigten, daß auf dieser Grundlage eine konstante Energieabstrahlung der Sonne für etliche Dutzend Millionen Jahre gesichert war. Bei den Fixsternen mußte Ähnliches gelten. Die Gelehrten waren zufrieden.

Gemessen an geschichtlichen Abläufen, geschweige denn an der kurzen Dauer eines Menschenlebens, war die immer gleichbleibende Sonnenenergie für unvorstellbar lange Zeiten gesichert. Dazu mußte sich der Sonnendurchmesser von knapp 1,5 Millionen Kilometern lediglich um 60 Meter pro Jahr durch Kontraktion verringern – lächerlich wenig. Durch Messungen hätte man diesen Wert gar nicht feststellen können, denn eine derart geringe Zusammenziehung mindert den scheinbaren Sonnendurchmesser von rd. 30 Bogenminuten nur um eine Bogensekunde in 12 000 Jahren!

Die Entdeckung der Radioaktivität chemischer Elemente im Jahre 1896 brachte aber das harmonische Bild erheblich ins Wanken: Nunmehr war man nämlich in der Lage, aus der quantitativen Bestimmung von Zerfallsprodukten radioaktiver Elemente in Sedimentgesteinen das Alter der zugehörigen Erdschichten zu bestimmen. Das Ergebnis war niederschmetternd für die Anhänger der Kontraktionshypothese: Die Erde mußte nämlich den neuen Messungen zufolge viel älter sein als die Sonne – ein paradoxes Resultat. Auch andere Argumente – z.B. die Darwinsche Evolutionstheorie – sprachen zugunsten eines bedeutend höheren Sonnenalters, als bis dahin angenommen. Doch welche Energiequelle sollte die konstante Abstrahlung der beträchtlichen Sonnenenergie für die Zeiträume von Milliarden von Jahren sichern können?

Die Relativitätstheorie brachte bereits die erste prinzipielle Hoffnung: Bestand tatsächlich eine Äquivalenz zwischen Masse und Energie, dann konnte man den Energieinhalt der Sonne aufgrund ihrer bekannten Masse abschätzen. Das Ergebnis war beruhigend: Der Energieinhalt reichte nämlich für die unvorstellbar lange Zeitspanne von 15 Billionen Jahren. Genug Energieinhalt war also vorhanden. Doch wie sollte die Energie aus der Masse freigesetzt werden? Welche Prozesse waren denkbar? Um jene Zeit, als Dirac zum ersten Mal das Konzept von der Antimaterie formulierte, waren die Diskussionen der Astrophysiker und Atomphysiker um die Herkunft der Strahlungsenergie der Sterne in vollem Gang.

In seinem Buch „Der innere Aufbau der Sterne" brachte der englische Astrophysiker A. S. Eddington unumwunden zum Ausdruck, daß man eine befriedigende Theorie der Sternentwicklung erst dann würde schaffen können, wenn die „Gesetze der subatomaren Energie" bekannt seien. Er hatte damit deutlich ausgesprochen, daß ein wesentliches Problem der Astrophysik nur unter Mitwirkung der Atomphysiker zu lösen war.

Damals wußte man jedoch bereits, daß Energie aus Masse nicht unbedingt durch vollständige Zerstrahlung, wie bei der Begegnung von Teilchen und Antiteilchen, zustande kommen muß. Denkbar war auch das Eindringen von Atomkernen in andere. Dies würde unter Energiefreisetzung zur Entstehung neuer Atomkerne anderer chemischer Elemente führen. Tatsächlich wurde der Aufbau schwererer aus leichteren Elementen im Innern von Sternen durch Kernfusion zum Schlüssel des Verständnisses für die Herkunft der Sternenergie. Wenn auch Teilchen und Antiteilchen dabei keine Rolle spielen, so handelt es sich jedenfalls um die Umwandlung von Masse in Energie gemäß der Beziehung von Einstein. Jedoch wird nur ein extrem geringer Bruchteil von Masse in Energie verwandelt, nämlich die Differenz zwischen der Ausgangsmasse von Wasserstoffatomen und der Endmasse daraus gebildeter Helium-Atome, z. B. im sogenannten Proton-Proton-Prozeß.

Protonen – negativ und so weiter

Nach der Theorie von Dirac mußten für alle Teilchen mit einem Spin $\frac{1}{2}$, d.h. für alle sogenannten Fermionen, ebenfalls Antiteilchen existieren. Die innere Konsistenz der Theorie, aber vor allem der gelungene experimentelle Nachweis des Positrons ließen die anderen Antiteilchen der Fermionen nun keineswegs mehr als Phantasieprodukte erscheinen. Das Antiteilchen des wohlbekannten Protons sollte demnach ein Teilchen mit derselben Masse, jedoch negativer Ladung sein, die ihrerseits dem Betrage nach mit der des Protons übereinstimmen müßte.

Die Herstellung eines Partikelpaares Proton-Antiproton begegnete nun aber einer nicht geringen Schwierigkeit: Da die Masse des Protons die des Elektrons knapp um den Faktor 2000 übertrifft, benötigte man zur Umwandlung von Energie in ein Proton-Antiproton-Paar auch rund 2000mal soviel Energie wie zur Erzeugung eines Elektron-Positron-Paares. Gammaquanten dieser Energie (rund 2000 MeV = 2 GeV) vermochte man jedoch Anfang der dreißiger Jahre nicht zu erzeugen.

Obschon für Antiprotonen zunächst kein praktischer Bedarf bestand, war der Nachweis ihrer Existenz doch eine so grundlegende Frage für das Verständnis der Mikrowelt, daß man sich in den USA entschloß, eigens zu diesem Zweck einen Beschleuniger zu bauen. Die Idee bestand darin, eine Kollision zwischen Protonen in Ruhe und hochbeschleunigten Protonen von 6 GeV herbeizuführen. Dann wird gerade die benötigte Energie von 2 GeV frei, die zur Paarerzeugung erforderlich ist. Als es zum ersten Mal gelang, im Lawrence Radiation Laboratory in Kalifornien mit Hilfe des sogenannten Bevatrons Antiprotonen nachzuweisen, schrieb man allerdings bereits das Jahr 1955! Nun endlich war kein Zweifel an der Diracschen Theorie mehr möglich, auch nicht daran, daß die anderen Fermionen ebenfalls Antiteilchen haben müssen.

Wenn nun aber alle Fermionen Antiteilchen haben sollen, dann gilt dies ja auch für elektrisch neutrale Teilchen wie z.B.

das Neutron oder das Neutrino. Was soll man sich aber unter einem Antineutron vorstellen, dem doch die Ladung für eine Spiegelung fehlt? Erinnern wir uns daran, daß die Teilchen nicht nur durch elektrische Ladungen gekennzeichnet sind; vielmehr kommen auch andere ladungsartige Eigenschaften wie beispielsweise die Farbladungen im Zusammenhang mit den Kernkräften vor. Antiteilchen haben nun stets gegenüber den Teilchen das umgekehrte Vorzeichen ihrer ladungsartigen Größen. Diese Eigenschaft führt zu der bereits erwähnten vollständigen Umwandlung in Energie beim Zusammentreffen von Teilchen und Antiteilchen: Während die ladungsartigen Größen sich aufgrund ihrer entgegengesetzten Vorzeichen neutralisieren, gehen die Massen in die ihnen entsprechende Energie über.

Drei Jahre nach dem Antiproton wurde das Antineutron entdeckt – wieder in hochenergetischen Stoßvorgängen. Eine Ablenkung im Magnetfeld zum Beweis der umgekehrten Ladung – wie beim Antiproton – kam hier allerdings nicht in Frage. Doch man konnte die Zerstrahlung dieser Antineutronen beim Zusammentreffen mit Neutronen beobachten und hatte damit die Sicherheit, daß es sich tatsächlich um die Gegenstücke der Neutronen handelte.

Eine Sensation der Physik: das Antiwasserstoffatom

Das Wasserstoffatom besteht bekanntlich aus einem Proton im Kern und einem Elektron in der Hülle. Doch daneben gibt es noch die Wasserstoffisotope Deuterium (schwerer Wasserstoff) und Tritium (überschwerer Wasserstoff). Der Deuteriumkern besteht aus einem Proton und einem Neutron, der Tritiumkern gar aus zwei Neutronen nebst Proton.

Für die Physiker war klar, daß man aus einem Antiproton und einem Positron unter geeigneten Bedingungen ein Antiwasserstoffatom herstellen könnte und ebenso die entsprechenden Isotope des Antiwasserstoffs. Die Experimente gaben ihnen bald recht: 1965 gelang es erstmals im Protonensynchroton von CERN in Genf, den Kern des schweren Antiwasserstoffs nachzuweisen – knapp 6 Jahre nach der Inbetriebnahme dieser großen Maschine.

Die nächsten Erfolge konnten die Russen für sich verbuchen: Am „Institut für Hochenergiephysik" unweit Serpuchov – etwa 120 km südlich von Moskau – war 1967 der damals größte Beschleuniger der Welt in Betrieb genommen worden – ein 70 GeV Protonensynchroton. Mit dieser Maschine konnten dreimal höhere Energien erzeugt werden als mit den Spitzeninstrumenten in Europa und den USA. Damit bestand die Chance, noch schwerere Teilchen der Antimaterie zu synthetisieren. In der Tat wurden in Serpuchov bereits 1971 Antitritiumkerne und 1974 sogar die Kerne des Antiheliums (mit zwei Antiprotonen und zwei Antineutronen) hergestellt und nachgewiesen.

Jetzt gab es keinen Zweifel mehr: Eine Antiwelt war offensichtlich keine Illusion, sondern eine ganz reale Denkmöglichkeit. Hinter dieser Erkenntnis türmten sich allerdings vielerlei Fragen auf: War es angesichts der enormen erforderlichen Energien überhaupt möglich, die Herstellung von Antimaterie jemals in Angriff zu nehmen? Könnte Antimaterie vielleicht eines Tages auch praktische Bedeutung gewinnen, etwa für Technologien der Energiefreisetzung? Wenn Antiwelten denkbar sind, müssen sie dann in der Natur auch zwangsläufig existieren?

Wissenschaftliche Erkenntnisse erobern nur selten die Titelseiten der Tageszeitungen. Wenn nicht gerade Menschen auf dem Mond spazieren oder mit einem künstlichen Herzen in der Brust eine neue Marathonbestzeit erreichen, sind wissenschaftliche Errungenschaften in die einschlägigen Rubriken verbannt. Am 15. Januar 1996 aber war es anders: Auf der Titelseite des SPIEGEL war in fetten Lettern „Anti-Materie" zu lesen – und dazu: „Erster Vorstoß der Wissenschaft in die Gegenwelt". Der Hintergrund: Einem Forscherteam um den Physiker Walter Oelert war es gelungen, im LEAR-Speicherring bei CERN erstmals Antiwasserstoffatome herzustellen. Antiprotonen und Positronen waren erstmals zu ganzen Atomen der einfachsten Bauart zusammengefügt worden.

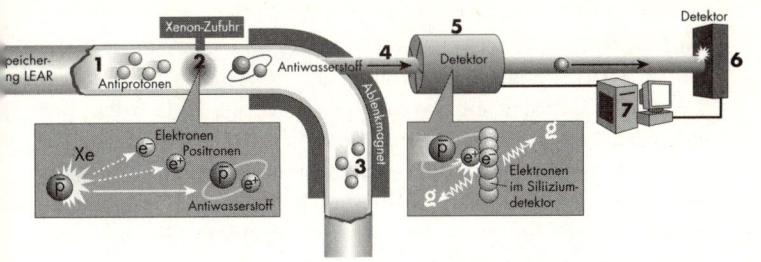

Abb. 11: Entstehung und Nachweis von Antiwasserstoffatomen in Genf 1996. Die Antiprotonen im Speicherring LEAR (1) werden durch eine Düse mit Xenonatomen beschossen (2). Bei der Begegnung der Antiprotonen mit Xenonatomen entstehen Elektron-Positron-Paare. Die Positronen vereinigen sich gelegentlich mit den Antiprotonen zu Antiwasserstoffatomen. Während die Antiprotonen wegen ihrer elektrischen Ladung durch den Ablenkungsmagneten weiter im Speicherring gehalten werden (3), bewegen sich die elektrisch neutralen Antiwasserstoffatome geradeaus (4). Beim Aufprall auf einen Siliziumdetektor (5) werden sie zerstört. Die dabei entstehenden Positronen und Elektronen zerstrahlen zu Gammaquanten, die registriert werden. Das Antiproton erreicht nach 20 milliardstel Sekunden einen zweiten Detektor (6). Der Computer (7) registriert die zeitliche Abfolge der Ereignisse. (Aus: DER SPIEGEL 3/1996, S. 176)

Bereits in den achtziger Jahren war der Vorschlag entstanden, dies am LEAR-Speicherring (LEAR = Low Energy Antiproton Ring) bei CERN zu versuchen. Das Problem hatte immer darin bestanden, daß einerseits zu wenig Antiteilchen zur Verfügung standen, andererseits die Energien der Teilchen bei ihrer Erzeugung zu hoch waren, um sich ohne weiteres zusammenfügen zu lassen. Man brauchte eine Idee, wie man das Kunststück unter diesen Bedingungen zustande bringen könnte. Auf einer Konferenz in München hörte nun ein Mitarbeiter von Oelert den Vortrag des Amerikaners Stan Brodsky. Er hatte berechnet, unter welchen Bedingungen man Positronen und Antiprotonen zu Antiwasserstoffatomen zusammenfügen könnte. Daraufhin beschloß die Gruppe um Oelert, ein gerade laufendes Experiment so umzubauen, daß die Erzeugung von Antiwasserstoffatomen möglich wurde.

Das Experiment lief folgendermaßen ab: Zunächst wurden Antiprotonen erzeugt – ein Vorgang, der bereits seit dem Jahre 1955 bekannt war und gut funktionierte. Bei dem CERN-Experiment entstanden jeweils einige Milliarden Antiprotonen, die in einen Speicherring eingespeist wurden. Dies ist erforderlich, weil andernfalls durch Vereinigung mit Protonen binnen kürzester Zeit alle Antiprotonen wieder zerstrahlt wären. Magnetische Felder verhindern dies – allerdings nur für die begrenzte Zeit von einigen Minuten. In den Speicherring mit den Antiprotonen wird nun das Edelgas Xenon eingeleitet. Beim Zusammenprall der Antiprotonen mit den Xenon-Atomen entstehen paarweise Positronen und Elektronen. Damit sind die Bausteine der Antiwasserstoffatome, nämlich die Antiprotonen und die Positronen in enger räumlicher Nachbarschaft vorhanden und haben somit die Chance, sich zu Antiwasserstoffatomen zusammenzufügen. Diese sind natürlich elektrisch neutral und werden – anders als die Antiprotonen – nicht mehr von dem Magnetfeld am Speicherring beeinflußt; sie bewegen sich geradeaus weiter. Jetzt muß der Nachweis geführt werden, daß es sich tatsächlich um Atome des Antiwasserstoffs handelt. Zu diesem Zweck treffen die Atome auf einen Siliziumdetektor. Die dort vorhandenen gewöhnlichen Elektronen und die Positronen der Antiwasserstoffatome vernichten sich unter Aussendung von zwei Gammaquanten der bekannten Energie, die der Masse der zerstrahlten Teilchen entspricht. Der Kern des Antiwasserstoffatoms, das Antiproton, bleibt übrig und erreicht in fünf Metern Distanz (nach 20 milliardstel Sekunden) einen weiteren Detektor, wo es nachgewiesen werden kann. Per Computer müssen also in einem genau berechneten zeitlichen Abstand die beiden Ereignisse Elektron-Positron-Zerstrahlung und Antiprotonennachweis eintreten. Dann kann man davon ausgehen, daß tatsächlich Antiwasserstoffatome entstanden waren.

Mit dem gelungenen Nachweis von Antiwasserstoffatomen haben die Forscher um Oelert den ersten wirklichen Schritt in die Antiwelt getan. Auf die Frage, was denn an dem Antiwasserstoff so spannend sei, antwortete der Physiker: „Was wir hier geschaffen haben, ist das erste Element im chemischen Periodensystem der Antielemente. Wir haben gezeigt, daß es Antiatome wirklich gibt."[4]

Inzwischen gibt es einige Fortschritte, denn man kann jetzt wesentlich größere Mengen langsamer („kalter") Antiwasserstoffatome herstellen, die nun auch Detailuntersuchungen ermöglichen.[5] Die Forscher wollen die theoretisch erwartete Gleichheit zwischen Wasserstoff und seinem Antipoden auf die Probe stellen. Sollte diese Gleichheit nicht bestehen, könnten wichtige Grundlagen unserer Physik ins Wanken geraten.

Vom Antiatom zum Antiuniversum

Wenn das Antiwasserstoffatom möglich ist, dann gibt es auch kein Argument mehr gegen Antihelium und Antisauerstoff, gegen Antigold und Antisilber. Alle Elemente des Periodensystems sind in der Spiegelwelt der Antimaterie ebenso denkbar wie in der uns bekannten Welt. Das Problem der Herstellbarkeit schwerer Atome der Antimaterie rückt gegenüber dieser Tatsache in den Hintergrund. Die interessantere Frage lautet: Hat die Natur möglicherweise irgendwo in ihren endlosen Weiten auch eine Antiwelt hervorgebracht, oder ist die uns bekannte Sorte von Atomen aus irgendeinem Grund bevorzugt worden?

Ein Blick zum nächtlichen Sternhimmel mit seinen zahllosen leuchtenden Gaskugeln, dem Sterngewimmel der Milchstraße und den fernen Sternsystemen nötigt dem grüblerischen Zeitgenossen unwillkürlich die Frage ab: Schauen wir in eine Welt von unserer Art oder möglicherweise in eine Antiwelt?

Schon vor einhundert Jahren, als man von Antimaterie noch gar nichts wußte, veröffentlichte der deutsche Physiker Arthur Schuster in der Zeitschrift *Nature* einen „Ferientraum" („A Holiday Dream"), in dem er die verblüffende Frage stellte: „... wenn es eine negative Elektrizität gibt, warum dann nicht auch negatives Gold, so gelb und wertvoll wie das unsere, mit demselben Schmelzpunkt und identischen Spektrallinien?"[6] Warum finden wir es nicht? Auch darauf hatte Schuster eine Antwort: Weil es mit der Beschleunigung von 9,81 m/s^2 von der Erde wegfliegt!

Für Schuster war Antimaterie gleichsam eine andere Materieart, bei der das übliche Gravitationsgesetz nur dann gilt, wenn sie mit ihresgleichen in Wechselwirkung tritt: Antigold und Antigold ziehen sich an, Gold und Gold auch; anders hingegen Antigold und Gold – sie stoßen sich ab. Obschon diese Frage mit unserer „modernen" Antimaterie scheinbar nichts zu tun hat, wird uns die Frage nach einem anderen gravitativen Verhalten der Antimaterie gegenüber Materie noch beschäftigen, denn schon seit längerem fragen die Physiker, ob Materie und Antimaterie tatsächlich in vollem Umfang denselben Naturgesetzen gehorchen.

Auf die Frage, ob eine Welt aus Antimaterie für ihn nicht interessant sein könnte, antwortete Walter Oelert 1996: „Wenn ich mir einen Spätfilm angucke, fasziniert mich die Frage schon, aber nicht als Wissenschaftler."[7] Darüber denken Astronomen freilich anders. Für sie könnte die Existenz von Antimaterie vielleicht Geheimnisse des Universums klären helfen, die Herkunft manch rätselhafter Energien aufdecken, die in den Kernen ferner Galaxien freigesetzt werden. Oder sie könnte einfach die Frage beantworten, ob unser Universum symmetrisch aus zwei Teilen besteht, der eine aus Materie, der andere aus Antimaterie. Die vollkommene Symmetrie zwischen Materie und Antimaterie im Kosmos erschien manchen Astrophysikern fast wie eine Zwangsvorstellung, denn nach allem, was uns bis heute bekannt ist, würde ein vollständiger Austausch der Materie gegen Antimaterie im Kosmos durch nichts feststellbar sein.

Antimaterie im Weltall – Wie man sie finden könnte

Besteht unser Mond möglicherweise aus Antimaterie oder der rote Erdnachbar Mars? Selbstverständlich nicht. Anderenfalls hätten die auf diesen Himmelskörpern gelandeten Sonden, auf dem Mond gar die Astronauten der *Apollo*-Mission, in gewaltigen Energieblitzen verlöschen müssen. Zwischen den

Körpern unseres Sonnensystems herrscht ein reger Materie-austausch. Die zahllosen Kleinkörper, Meteoride bis in den Bereich von einigen Gramm und Milligramm Masse, erfüllen die scheinbare Leere in den Räumen zwischen den Planeten und kollidieren häufig mit anderen Himmelskörpern. Alle Planeten mit festen Oberflächen und deren Monde sind von Einschlagkratern mehr oder weniger übersät – Zeugnisse von Impaktereignissen in frühester oder jüngerer Vergangenheit. Auch gegenwärtig ist dieser Prozeß keineswegs abgeschlossen. Es sind genügend vagabundierende größere und kleinere Objekte im Sonnensystem vorhanden, um auch heute noch zu ständigen Kollisionen zu führen. Erinnert sei z.B. an die Bruchstücke des Kometen *Shoemaker-Levy,* die im Jahre 1994 in den Riesenplaneten Jupiter stürzten und in dessen Atmosphäre gewaltige Reaktionen auslösten, die von der Erde aus sogar mit kleineren Instrumenten beobachtet werden konnten.

Tiefraumsonden des Planetensystems sind die Kometen; sie bewegen sich auf oftmals sehr langgestreckten elliptischen Bahnen, deren sonnenfernster Punkt mitunter weit jenseits der Bahn des entferntesten Planeten, Neptun, liegt, die sich aber andererseits der Sonne bis auf Bruchteile der Erdentfernung annähern können. Sie kommen auf ihrem Weg ständig mit den Teilchen der interplanetaren Materie in Kontakt, die als Staub (0,1–100 μm Durchmesser) und Gas (hauptsächlich Protonen, Heliumkerne und Elektronen) den Raum zwischen den Planeten erfüllen. Würde ein Komet oder ein Teil der Meteoride oder das interplanetare Medium aus Antimaterie bestehen – wir müßten gewaltige Energiefreisetzungen unerklärlicher Herkunft beobachten. Dies ist aber nicht der Fall. Auch die von der Erde zu den Planeten des Sonnensystems gestarteten Sonden haben keinerlei mysteriöse Wechselwirkungen erlitten, die auf das Vorkommen von Antimaterie schließen lassen würden, obschon sie – wie z.B. *Voyager* – bis weit über die Grenzen des Sonnensystems hinausgeflogen sind.

Unser Sonnensystem besteht offenbar ausschließlich aus Materie.

Doch verlassen wir unsere nähere kosmische Heimat und

wenden uns der ferneren Umgebung zu: Könnte einer der uns benachbarten Fixsterne aus Antimaterie bestehen? Die Antwort ist nicht ohne weiteres zu geben, beziehen wir doch all unsere Informationen über die Sterne aus elektromagnetischen Wellen. Wir beobachten Photonen und ziehen aus der Interpretation dieser Beobachtungen alle Schlüsse über die Beschaffenheit des jeweiligen Objektes. Photonen sind jedoch ihre eigenen Antiteilchen. Ein Stern aus gewöhnlicher und ein Stern aus Antimaterie senden dieselbe Art von Lichtteilchen aus. Man kann ihnen in keiner Weise ansehen, ob der Stern, von dem diese Photonen zu uns gelangen, aus Materie oder Antimaterie besteht.

Eher scheint auf den ersten Blick die Suche nach Antiteilchen erfolgversprechend zu sein. Doch auch hier ist die Situation verzwickt. So hat man Ende der siebziger Jahre bei Experimenten in sehr großen Höhen an der Grenze der irdischen Lufthülle Antiprotonen nachgewiesen. Allerdings ist dieser Nachweis im Zusammenhang mit unserem Problem nicht sehr aussagekräftig, denn die Protonen der energiereichen kosmischen Höhenstrahlung sollten bei ihrem weiten Weg durch das Universum auch gelegentlich mit dem fein verteilten interstellaren Staub zusammenstoßen, wobei es zur Entstehung von Antiprotonen kommen kann. Die nachgewiesenen Antiprotonen wären demnach keineswegs Zeugen aus einer wirklichen Antiwelt. Allerdings findet man etwa dreimal mehr Antiprotonen in der kosmischen Strahlung als laut Berechnungen zu erwarten sind. Doch muß dies nicht unbedingt etwas bedeuten. Es fragt sich nämlich, auf welchen Annahmen unsere Berechnungen beruhen und inwiefern diese Annahmen eventuell unzutreffend sind. Immerhin will man dem Problem der Häufigkeit der Antiprotonen in der Höhenstrahlung weiter nachgehen. An Bord der internationalen Raumstation, die in den kommenden Jahren etappenweise installiert wird, soll es ein spezielles Experiment *Astromag* geben, um Antiteilchen aus dem Universum nachzuweisen.

Wenn wir schon einem Stern nicht unmittelbar ansehen können, ob er aus Materie oder Antimaterie besteht, so befinden sich die Sterne andererseits nicht in einem leeren Raum. Vielmehr läßt sich auch im interstellaren Raum Materie in geringer Konzentration nachweisen. Die Verteilung des interstellaren Mediums ist sehr ungleichförmig. In der Sonnenumgebung liegt die Dichte etwa bei 0,1 Wasserstoffatom/cm³, in den wolkenförmigen Nebeln des Sternsystems kann sie bis zu 100 Millionen Atome/cm³ ansteigen, während der Raum zwischen den Spiralarmen mit einer Dichte von etwa 0,01 Atome/cm³ extrem wenig Teilchen enthält. Auch andere chemische Elemente, insbesondere Helium und zu einem geringen Teil auch schwerere, sind vertreten. Die Tatsache, daß jeder beliebige Stern unseres Milchstraßensystems in ein mehr oder weniger dichtes Gas des interstellaren Mediums eingebettet ist, könnte nun eine Möglichkeit des Nachweises eventuell vorhandener Antisterne eröffnen. Dazu hat der schwedische Nobelpreisträger Hannes Alfvén bereits in den sechziger Jahren detaillierte Überlegungen angestellt.

Plasmaphysik im Telegrammstil

Die Atome und Moleküle des interstellaren Gases werden durch nahegelegene Sterne nachhaltig beeinflußt. Sowohl die Wärmestrahlung der Sterne, als auch energiereiche kurzwellige Strahlung (UV- und Röntgenstrahlung) sind in der Lage, die Moleküle zu ionisieren oder aufzubrechen. Im ersten Fall wird bei einem Wasserstoffatom durch energiereiche Strahlung das Elektron abgespalten, während der positiv geladene Kern, das Proton zurückbleibt. Auch bei Atomen oder Molekülen schwererer Elemente kommt es zur Ionisierung. Dabei kann beispielsweise ein Elektron abgespalten werden, während andere im Verbund bleiben. Der Rest (das Ion) ist dann nicht mehr elektrisch neutral, sondern wegen der überschüssigen Ladung des Kerns elektrisch positiv. Ein solches Gemisch aus Elektronen und positiv geladenen „Restkernen" von Atomen, in dem außerdem auch vollständig erhaltene Atome und Moleküle vorkommen, d.h. ein mehr oder weniger vollständig ionisiertes Gas, wird in der Physik auch als Plasma bezeichnet. Die Gesetze der Plasmaphysik sind von grundlegender Bedeutung für das Verständnis des Universums. Dies folgt allein schon aus der Tatsache, daß die Materie im Innern von Sternen vollständig aus Plasma besteht. Hinzu kommt die universelle Verbreitung der interstellaren Materie, die sich in ständiger Wechselwirkung mit Sternen befindet und deshalb ebenfalls zu einem erheblichen Teil als Plasma vorkommt. Für die nachfolgenden Überlegungen ist es von besonderer Wichtigkeit, sich das Verhalten von Plasma unter dem Einfluß der im Universum stets vorhandenen – wenn auch oft nur sehr schwachen – Magnetfelder vor Augen zu führen.

Da es sich bei den Bestandteilen des Plasmas um elektrisch geladene Partikel handelt, die über eine ihrer Temperatur entsprechende Geschwindigkeit verfügen, wird ihre Bewegung durch Magnetfelder natürlich beeinflußt. Je nach Stärke des Magnetfeldes und der Bewegungsenergie (Temperatur) der elektrisch geladenen Teilchen beschreiben die Partikel mehr oder weniger große Spiralen. Kennt man die Temperatur des Plasmas und die magnetische Flußdichte, so lassen sich die Bewegungsabläufe berechnen. Eine typische Flußdichte von 10^{-9} Tesla und eine Teilchentemperatur von 10 000 K führt z. B. zur Bewegung von Elektronen auf einer Spirale von 6000 m Durchmesser. Protonen würden sich unter diesen Umständen auf Spiralen mit rd. 250 km Durchmesser bewegen. Ein elektrisch neutrales Teilchen hat demgegenüber eine bedeutend größere Bewegungsfreiheit. Zwar kommt es gelegentlich zu Zusammenstößen mit anderen Teilchen des interstellaren Mediums, wodurch dann sowohl Geschwindigkeit als auch Richtung der Bewegung beeinflußt werden, jedoch geschieht dies im Mittel erst nach 10 Milliarden Kilometern. Das ist die durchschnittliche „mittlere freie Weglänge" eines Teilchens bei einer Plasmadichte von $1/cm^3$. Wie man hieraus ersehen kann, wird die Bewegungsfreiheit von elektrisch geladenen Teilchen im Universum durch die Wirkung von Magnetfeldern erheblich eingeschränkt. Da die Magnetfelder wohl kaum eine regelmäßige Struktur aufweisen dürften, vielmehr durch eine variable Stärke und Richtung gekennzeichnet sind, kommt es innerhalb der Felder sogar zu Umkehrungen in der Bewegungsrichtung geladener Teilchen.

Grundsätzlich gelten dieselben Überlegungen auch für den Raum zwischen den Sternsystemen. Zwar sind die Teilchendichten und Magnetfeldstärken hier noch viel geringer, dafür sind aber auch die Distanzen ungleich größer. Während Sterne innerhalb eines Milchstraßensystems – etwa in Sonnenumgebung – typischerweise einige Lichtjahre voneinander entfernt stehen, betragen die Distanzen zwischen Galaxien einige Millionen Lichtjahre. Die relative Bewegungseinschränkung für geladene Teilchen ist also etwa dieselbe.

Was bedeutet das? Machen wir den Versuch, einen Strahl elektrisch geladener Teilchen sehr hoher Energie in Richtung auf einen Nachbarstern zu schießen. Die Bewegung der Teilchen ist eingeschränkt. Bei hohen Teilchenenergien beschreiben unsere Partikel enorm große Spiralen. Sie bewegen sich wie in einem Schlauch, der den magnetischen Feldlinien folgt. Doch wie groß ist die Wahrscheinlichkeit, auf diese Weise den Nachbarstern tatsächlich zu erreichen? Der Stern müßte sich unmittelbar in der Nähe der Bahn unseres Teilchens aufhalten, denn aus dieser kann es nicht heraus. Bei engen Bahnen (geringen Teilchenenergien) besteht somit nur eine geringe Chance, den Stern mit unserem Teilchenstrom tatsächlich zu erreichen. Mit anderen Worten: Das magnetisierte Plasma des interstellaren Mediums verhindert in großem Umfang, daß Elektronen, Protonen und Ionen sich von einem Stern zum anderen bewegen. Für größere Objekte mit Durchmessern über 1/100 mm stellt das Plasma hingegen kein Hindernis dar.

Die Sterne im Universum sind sämtlich von einem ausgedehnten magnetisierten Plasma, also einer wirksamen Schutzhülle gegen das Eindringen von kleinsten elektrisch geladenen Partikeln von einem anderen Stern umgeben. Sinngemäß gilt Ähnliches auch für den intergalaktischen Raum, in dem entsprechende magnetisierte Plasmen die Sternsysteme umgeben.

Nach allem, was wir bisher über Antiteilchen wissen, ist es ganz klar, daß ein Stern aus Antimaterie ebenfalls von einem

Plasma – nennen wir es Antiplasma – umgeben ist. Die Bestandteile des Antiplasmas sind Positronen, Antiprotonen und Ionen aus Antiprotonen und Positronen. Für sie gelten dieselben Gesetze, d.h., auch der Antistern schützt sich gegen das Eindringen von Elementarteilchen und Ionen eines anderen Antisterns durch das ihn umgebende magnetisierte Antiplasma.

Fragen wir nun: Was geschieht, wenn ein gewöhnlicher Stern und ein Antistern irgendwo im Universum sich in räumlicher Nachbarschaft, d.h. in dem für Sterne typischen Abstand von einigen Lichtjahren befinden? Der gewöhnliche Stern ist von einem Plasma umgeben, das einen Durchmesser von einem bis mehreren Lichtjahren aufweist. Der Antistern befindet sich hingegen im Zentrum eines kugelförmigen Antiplasmas. Im Raum zwischen den beiden Sternen müssen sich folglich Plasma und Antiplasma „begegnen".

Der Tropfen auf der Herdplatte

Naheliegend scheint die Vermutung, daß in diesem Fall die Katastrophe eintritt: Die Teilchen und Antiteilchen von Plasma und Antiplasma zerstrahlen unter enormer Energiefreisetzung, und die beiden Plasmen „verschwinden" – werden zu Energie. Wenn man die Prozesse aber genauer betrachtet, kommt man zu einem anderen Ergebnis. Das Analogon – Vergleiche hinken zwar immer, veranschaulichen aber auch – ist der Wassertropfen auf einer sehr heißen Herdplatte. Denken wir uns eine elektrische Kochplatte, die auf eine Temperatur von weit über 100 °C aufgeheizt ist. Da Wasser bei 100 °C in den gasförmigen Aggregatzustand übergeht, sollte der Wassertropfen augenblicklich in Dampf übergehen. Das Experiment zeigt aber etwas anderes: Der Tropfen kann bis zu mehreren Minuten bestehen bleiben, wobei er auf der heißen Herdplatte lebhafte Bewegungen ausführt. Wie ist dieses merkwürdige Verhalten zu erklären?

Zwischen dem Tropfen und der Herdplatte bildet sich bei der Berührung eine Dampfschicht heraus, die den Übertritt der Wärme von der Herdplatte auf das Wasser im Tropfen unterbindet. Die isolierende Dampfschicht hat zur Folge, daß der Tropfen allmählich kleiner wird und erst nach längerer Zeit vollständig verdampft. Lediglich bei einer Herdplattentemperatur nahe 100 °C ist die Dampfschicht so dünn, daß sie unwirksam bleibt und der Tropfen explosionsartig in Wasserdampf übergeht.

Ähnliche Vorgänge laufen auch bei der Berührung zweier Plasmen aus Materie und Antimaterie ab. Zwar finden Zerstrahlungen statt – wie ja auch beim Wassertropfen ein Teil des Wassers verdampft und die Isolierschicht bildet – doch die bei der Zerstrahlung freigesetzte Energie bewirkt im wesentlichen die Entstehung einer Trennschicht. Dadurch findet die „Vernichtung" von Materie und Antimaterie nur in einem begrenzten Gebiet und auch nur relativ langsam statt.

Zwischen Materie und Antimaterie bildet sich eine „Leidenfrost-Schicht", benannt nach dem deutschen Arzt Johann Gottlob Leidenfrost, der das Phänomen des Wassertropfens auf der Herdplatte im 18. Jahrhundert zum erstenmal studiert und beschrieben hat. Der schwedische Physiker Hannes Alfvén hat die Vorgänge, die in einem solchen (magnetisierten) „Ambiplasma" ablaufen, näher untersucht: Wenn ein Proton und sein Antagonist, das Antiproton, zusammentreffen, findet ein Umwandlungsprozeß statt, bei dem zunächst Mesonen entstehen, die aber rasch zerfallen und schließlich nach Bruchteilen einer Sekunde zur Bildung von Elektronen und Positronen führen. Die hohen Energien dieser Teilchen von etwa 100 Millionen Elektronenvolt (100 MeV) zwingen sie im Magnetfeld auf spiralförmige Bahnen, so daß sich die entstandenen Teilchen nicht weit voneinander entfernen können. Anders die ebenfalls entstandenen Neutrinos sowie die Gammaquanten – sie werden vom Magnetfeld nicht beeinflußt und bewegen sich mit Lichtgeschwindigkeit vom Ort ihrer Entstehung weg. Eine Untersuchung der Energiebilanz führt zu dem Resultat, daß auf die entstandenen Elektronen und Positronen zusammengenommen 300 MeV Energie entfallen. Die der Masse der Partikel entsprechende Energie be-

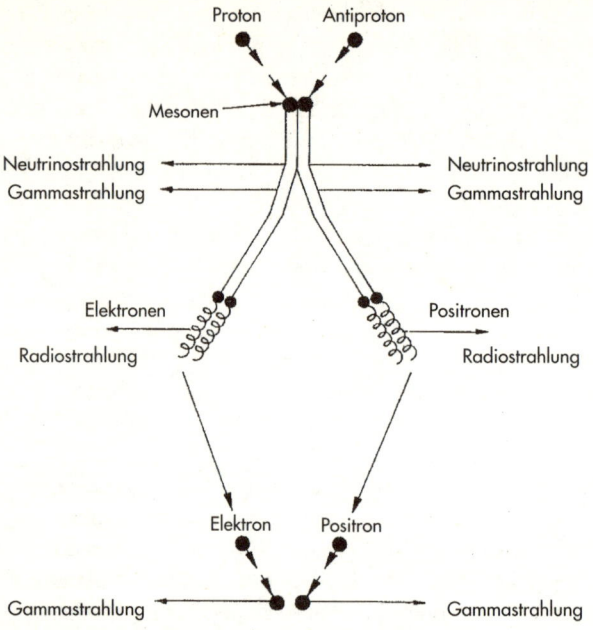

Abb. 12: Treffen ein Proton und ein Antiproton in einem „Misch-plasma" aus Materie und Antimaterie zusammen, so entstehen Me-sonen, die unter Aussendung von Neutrinos und Gammastrahlen zer-fallen. Die übrigbleibenden Elektronen und Positronen bewegen sich im Magnetfeld auf spiralförmigen Bahnen, wobei sie radiofrequente Strahlung aussenden. Beim Zusammentreffen von Positronen und Elektronen entsteht Gammastrahlung.

trägt aber nur 1,5 MeV (Es entstehen nämlich bei je zwei Proton-Antiprotonen- Zerstrahlungen durchschnittlich 3 Posi-tronen und 3 Elektronen zu je 0,5 MeV Energie). Der größte Teil ihrer Energie steckt also in ihrer Bewegung. Nehmen wir an, im Ambiplasma-Gebiet herrscht die typische interstellare magnetische Flußdichte, dann beträgt der Durchmesser der Spiralen, auf denen sich die Positronen und Elektronen ent-sprechend ihrer Energie bewegen, etwa der Entfernung Erde – Sonne. Gemessen an der gegenseitigen Entfernung zweier Fix-

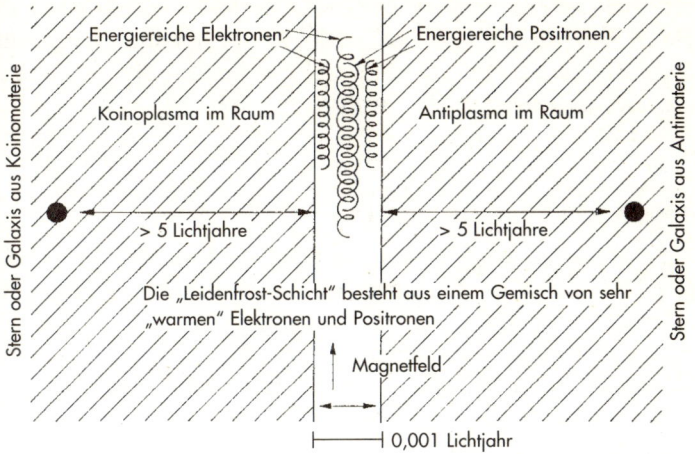

Abb. 13: Die Grenzschicht zwischen gewöhnlicher Materie (Koinomaterie) und Antimaterie im interstellaren Raum.

sterne ist das ein sehr geringer Betrag, nämlich nur etwa ein
hunderttausendstel Lichtjahr.

Das Zusammentreffen von Protonen und Antiprotonen
führt also binnen kurzem zur Entstehung eines extrem heißen
Elektron-Positron-Gases. Die Bewegungsenergien der Teilchen
liegen so hoch, daß sie der unvorstellbaren Temperatur von
einer Billion Kelvin entsprechen. Der mit diesen Temperaturen verbundene Druck führt zur Ausdehnung der Grenzschicht – die beiden „Plasmasorten" werden voneinander weg
getrieben, so daß die einer naiven Erwartung entsprechende
rasche Zerstrahlung des Ambiplasmas ausbleibt. Die auf
Spiralbahnen laufenden Elektronen und Positronen sorgen
natürlich auch für die Emission von elektromagnetischer
Strahlung im Radiofrequenzbereich, der sogenannten Synchrotonstrahlung. Allerdings ist es schwierig, bei der Be-
rechnung der Energiebilanz das Verhältnis zwischen Radiostrahlung und Gammastrahlung exakt zu bestimmen. Befindet
sich z. B. ein sehr dünnes Plasma innerhalb eines sehr starken Magnetfeldes, dann wird fast die gesamte Bewegungs-

energie der Positronen und Elektronen als Synchrotonstrahlung freigesetzt. Eine hohe Dichte des Plasmas hingegen führt bei niedrigem Magnetfeld zur raschen Zerstrahlung, so daß hauptsächlich Neutrinos und Gammastrahlung entstehen.

Was hat die Suche gebracht?

Als Alfvén seine Vorstellungen über die Vorgänge in einem Ambiplasma Mitte der 60er Jahre entwickelte, gab es kaum Möglichkeiten, Neutrinos nachzuweisen, und auch die Detektoren für Gammastrahlung waren noch recht unempfindlich. Deshalb erklärte Alfvén, der sicherste Weg, die Existenz von Ambiplasmen nachzuweisen, sei die Suche nach Radiostrahlung. In der Tat hat die Radioastronomie nach dem Zweiten Weltkrieg eine außerordentlich erfolgreiche Entwicklung genommen. Anfangs war man noch damit zufrieden, starke Quellen von Radiostrahlung überhaupt nachweisen und einer halbwegs definierten Position zuordnen zu können. Doch die Fachleute wußten, daß radiofrequente Strahlung aus dem Universum außerordentlich wichtige Informationen transportiert. Sie setzten deshalb alles daran, die Empfängersysteme möglichst rasch zu verbessern. Bald erschien der neue Begriff „Radioastronomie" auf den Titelseiten von illustrierten Zeitschriften. Sowohl die Reichweite der metallischen Parabolspiegel als auch das Auflösungsvermögen der Teleskope erfuhr eine Steigerung, die schließlich sogar die Erfolge der einst so überlegenen traditionellen optischen Astronomie in den Schatten stellte. Was bedeutete diese Entwicklung nun aber für die Hoffnung von Hannes Alfvén, mit Hilfe radioastronomischer Empfängersysteme eventuelle Ambiplasmen nachzuweisen? Leider nicht viel. Radiostrahlung entsteht nämlich bei einer Vielzahl physikalischer Vorgänge im Weltall und ist deshalb keineswegs unbedingt ein Indikator für die gegenseitige Berührung von Materie mit Antimaterie. Alfvén selbst formulierte die schwierige Situation seinerzeit mit den Worten: „Ein Radiostern muß nicht aus Ambiplasma bestehen. Auf der anderen Seite kann es natürlich im Weltall Ambiplasma geben, dessen Radiostrahlung so gering ist, daß sie nicht entdeckt werden kann."[8]

In einem Ambiplasma entstehen aber auch Neutrinos sowie Gammastrahlung. Wie steht es nun mit deren Nachweis? Beide Zweige dieser „nichtoptischen" Astronomie haben tatsächlich inzwischen außerordentliche Fortschritte gemacht. Dennoch muß es weiterhin als aussichtslos gelten, etwa Neutrinos aus Positron-Elektron-Zerstrahlungsvorgängen mit entsprechend hoher räumlicher Auflösung nachzuweisen. Anders sieht es in der heute bereits recht perfektionierten Gammaastronomie aus: Nach anfänglichen Versuchen mit Ballonen und Raketen sind seit längerem instrumentell hochwertig ausgerüstete Röntgen- und Gammastrahlensatelliten im Einsatz. Schon in den 70er Jahren starteten die Amerikaner das Einstein-Observatorium, seit 1990 befindet sich der deutsch-britisch-amerikanische ROSAT zur Untersuchung von Objekten im Röntgenstrahlenbereich im All, und 1991 brachten die USA ein Gamma Ray Observatory (GRO) in die Erdumlaufbahn, das jetzt als Compton Observatory bekannt ist. Die instrumentelle Ausrüstung dieser Spezialobservatorien für extrem kurzwellige elektromagnetische Strahlung ist vielfältig, basiert aber stets auf der Wechselwirkung der Quanten mit Materie. Das Arsenal der Nachweisinstrumente stammt praktisch ausnahmslos aus den Laboratorien der Kernphysiker. Allerdings hat man für die Erfassung kosmischer Gammastrahlungsquellen spezielle Modifikationen vorgenommen. Die Instrumente des Compton Observatory gestatten eine Erfassung kosmischer Gammastrahlung in dem weiten Energiebereich von 20 keV bis zu 30 GeV, also rd. 6 Größenordnungen, mit bislang noch nie erreichter Empfindlichkeit und Auflösung. Deshalb gilt das GRO neben dem in der Erdumlaufbahn fliegenden Hubble Space Telescope (HST) auch als die zweite bedeutende Sternwarte der neuen Epoche von Instrumenten, die jenseits der Erdatmosphäre operieren.

Alle Prozesse, die im Universum zur Entstehung von Gammastrahlung führen, sollten mit diesem Observatorium untersucht werden. Mit Ausnahme der Materie-Antimaterie-Zerstrahlung hatte man sie auch alle bereits mit früheren Unternehmen der Gammaastronomie nachgewiesen. Dies sollte nun mit höherer Qualität geschehen: Supernova-Überreste, d. h. die Relikte von explodierten Sternen, standen ebenso auf dem Forschungsprogramm von GRO wie die Erforschung der Pulsare, superdichter Endstadien der Entwicklung bestimmter Sterne. Aber auch die Untersuchung von Gammastrahlen aus dem Medium im Raum zwischen den Sternen wurden in das Forschungsprogramm des Compton Observatory aufgenommen. Intensive Gammastrahlengebiete erstrecken sich besonders entlang der Hauptebene des Sternsystems, d. h. auf das Band der Milchstraße. Die Ursache dieser Gammastrahlung sieht man vor allem in der Wechselwirkung zwischen den hochenergetischen Teilchen der kosmischen Strahlung als auch der interstellaren Materie. Die Untersuchungen können sowohl Aufschluß über die Dichte der kosmischen Strahlung als auch der Verteilung der interstellaren Materie geben. Außerdem interessiert die diffuse kosmische Gamma-Hintergrundstrahlung. Sie ist im Zusammenhang mit dem Nachweis von Antimaterie besonders aufschlußreich. Zwar gibt es eine allgemeine Hintergrundstrahlung, d. h. eine aus allen Richtungen heranströmende elektromagnetische Strahlung, die keine diskreten Quellen als Ursache hat. Besonders bekannt wurde die sogenannte 2,7-K-Strahlung im Radiobereich als Relikt des heißen Urzustandes des Universums (vgl. Kap. „Nebelflucht und Evolution des Universums"). Hingegen hat man bisher keine schlüssige Erklärung für die Hintergrundstrahlung im Gamma-Bereich. Einige Forscher sind der Ansicht, daß es sich um die Summe bislang noch nicht aufgelöster extragalaktischer Quellen handelt, z. B. um die Kerne sehr aktiver Galaxien. Sollte es sich jedoch um eine wirklich diffuse Strahlung handeln, so kommt möglicherweise die Materie-Antimaterie-Problematik ins Spiel. Die Deutung besteht dann in der Annahme, daß wir es mit einem in bezug auf Materie und Antimaterie symmetrischen Universum zu tun haben, in dem die diffuse Gammastrahlung durch Annihilationsprozesse ausgelöst wird. Die Strahlung soll demnach aus den Grenzbereichen von Galaxienhaufen stammen, die aus Materie und aus Antimaterie bestehen und in denen die von Alfvén bereits postulierte Zerstrahlung stattfindet.

Gegenwärtig kann man zwischen den verschiedenen Modellen noch nicht unterscheiden. Gerade deshalb ist das Compton Observatory von so außerordentlicher Wichtigkeit. Es kann nämlich das Energiespektrum der Gammastrahlung viel genauer vermessen als seine Vorgänger. Insbesondere muß der Grad der Isotropie der Strahlung genau bestimmt werden. Räumliche Intensitätsschwankungen sollten nämlich in einem rein diffusen Emissionsmodell anders aussehen als in den sogenannten Superpositionsmodellen. Auch könnte man durch die Beobachtung einzelner Galaxien den Anteil unaufgelöster diskreter Quellen besser abschätzen und feststellen, ob es nach Abzug solcher Anteile noch einen wirklich diffusen Rest gibt, der möglicherweise die spektrale Verteilung zeigt, die man für das Antimaterie-Zerstrahlungsmodell erwartet. In dieser Hinsicht hatte bereits das freifliegende Einstein-Observatorium (HEAO 2 – High Energy Astronomical Observatory), das 1978 gestartet worden war, Anfang der 90er Jahre ein spektakuläres Ergebnis gebracht: Unweit des galaktischen Zentrums – etwa 350 Lichtjahre entfernt – war nämlich mit dem Satelliten eine 511 keV-Emission entdeckt worden. Die Röntgenquelle war bereits seit dem Jahre 1970 bekannt, nicht aber ihr Spektrum. Gammastrahlung der Energie 511 keV ist ein sicherer Hinweis für Zerstrahlungsvorgänge beim Zusammentreffen von Positronen und Elektronen. Die beste Erklärung besteht in der Annahme, daß es eine „Antimaterie-Fabrik" unweit des Milchstraßenzentrums gibt, die in großer Zahl Positronen produziert. Beim Zusammentreffen der Positronen mit den Elektronen einer benachbarten dichten Wolke interstellarer Materie kommt es dann zur Zerstrahlung und dadurch zur Emission der 511 keV-Gammastrahlung.

Wie funktioniert diese Positronen-Fabrik? Höchstwahrscheinlich handelt es sich um eine extrem heiße „Gammastrahlen-Suppe", die so dicht ist, daß jedes der extrem energie-

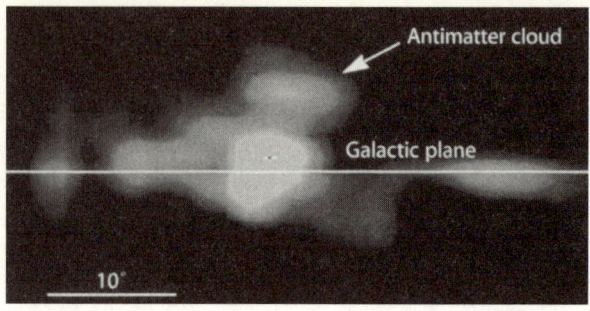

Abb. 14: Die unweit des galaktischen Zentrums 1997 entdeckte Antimateriewolke, die sich durch ihre Röntgenstrahlung der Energie 511 keV verriet. (Aus: Sky & Telescope, Juli 1997, S. 17)

reichen Photonen mit einem anderen kollidiert, noch bevor es entweichen und von der Erde aus empfangen werden kann. Die dabei entstehenden Elektronen-Positronen-Paare erzeugen dann – bei ihrer Annihilation – die beobachtete Gammastrahlung der typischen Energie von 511 keV. Das soeben beschriebene Szenario gestattet es, die Dimension des Annihilators abzuschätzen: Er dürfte etwa 100 km Durchmesser aufweisen – extrem wenig, bezogen auf die Maßstäbe des Sternsystems. Ein heißes gammastrahlendes Plasma dieser Größenordnung erwartet man nach der Theorie in der Nähe eines Schwarzen Loches, also eines optisch nicht mehr sichtbaren superdichten Sterns, dessen Gravitation so gewaltig ist, daß keinerlei elektromagnetische Wellen dieses Objekt mehr verlassen können. Ein dort emittiertes Photon würde im Gravitationsfeld des Objektes sofort wieder auf dessen Oberfläche zurückfallen.

Die Entdeckung einer Antimaterie-Fabrik unweit des galaktischen Zentrums ist also weniger ein Beitrag zur Entdeckung von „Antiwelten" – Sternen aus Antimaterie zum Beispiel –, sondern eher ein Hinweis auf die Existenz superdichter Objekte unweit des Milchstraßenzentrums. Die beobachtete Annihilations-Strahlung stellt lediglich ein Indiz für Prozesse dar, die sich in der Umgebung eines Schwarzen Loches abspielen und u.a. auch zur paarweisen Bildung von Elektronen und Positronen führen.

Die Messungen des Einstein-Satelliten sind neuerdings durch das Compton Observatory bestätigt worden. Denn das GRO hat 1997 ebenfalls eine 4000 Lichtjahre breite Wolke aus Antimaterie entdeckt. Wieder handelt es sich um eine Quelle unweit des Milchstraßenzentrums, und die „Wolke aus Antimaterie" steigt „wie eine Fontäne aus dem Kern der Milchstraße auf" – wie es in einem Bericht der *Herald Tribune* vom 30. 4. 1997 heißt.

Von Schwarzen Löchern können nach einer Theorie des britischen Theoretikers Stephen W. Hawking durchaus ebenfalls Antiteilchen emittiert werden, obschon man lange Zeit allgemein angenommen hatte, von solchen Objekten könne keinerlei Strahlung nach außen dringen. Des Rätsels Lösung bringt die Quantentheorie, die viele wenig anschauliche und scheinbar widersinnige Effekte zuläßt oder sogar fordert. Die von Werner Heisenberg entdeckte Unschärferelation besagt, daß von einem Teilchen niemals dessen Position und dessen Geschwindigkeit gleichzeitig genau bekannt sein können. Ebenso kann niemals die Stärke eines Feldes und gleichzeitig der Wert seiner zeitlichen Änderungen genau bekannt sein. Je genauer wir das eine kennen, desto ungenauer („unschärfer") erfassen wir das andere. Deshalb kann auch niemals definitiv festgestellt werden, daß kein Feld vorhanden ist, denn das würde der „Unschärferelation" widersprechen; dann müßten wir nämlich gleichzeitig die Feldstärke (Null) und die Änderungsrate (ebenfalls Null) erfassen können. Deshalb kann es auch keinen absolut leeren Raum geben. Stets ist eine Unbestimmtheit darüber vorhanden, welche Feldstärke gegeben ist.

Versucht man sich dieses Schwanken der Feldstärke im Vakuum vorzustellen, so kann man an die ständige Entstehung und Wiedervernichtung von Teilchenpaaren denken, etwa Photonen und Gravitonen. Man spricht in diesem Fall von „virtuellen" Teilchen, die sich zwar mit unseren Meßinstrumenten nicht feststellen lassen, deren Wirkung auf andere Teilchen aber nachweisbar ist. Sie existieren also tatsächlich.

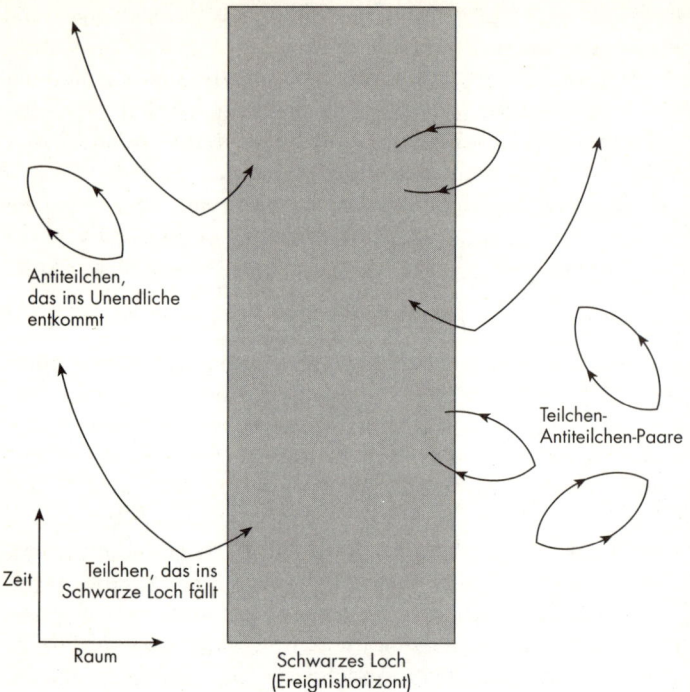

Abb. 15: Ein Schwarzes Loch als Quelle von Antiteilchen nach Stephen W. Hawking

Dabei entstehen jeweils Teilchen und Antiteilchen, die im Falle der Photonen und Gravitonen miteinander identisch sind. Kommt es aber zur Entstehung von Fermionen, so sind es beispielsweise Elektronen und Positronen. Die Energiebilanz stimmt, denn eines der Teilchen besitzt positive Energie, das andere negative. Die Gesamtenergie bleibt stets dieselbe. Es entsteht also nichts aus dem Nichts. In der Nähe eines Schwarzen Loches kann nun das Unvorstellbare geschehen: Ein Paar virtueller Teilchen bildet sich, wobei das Teilchen mit der negativen Energie den Ereignishorizont des Schwarzen Loches in Richtung auf das Schwarze Loch überschreitet. Der

Ereignishorizont stellt nun gerade die Grenze des Schwarzen Loches dar. Hier wird die Fluchtgeschwindigkeit größer als die Lichtgeschwindigkeit. Die dort schwebenden Photonen können das Schwarze Loch nicht verlassen, stürzen aber auch nicht hinein. Am Ereignishorizont ist das Gravitationsfeld des Schwarzen Loches so stark, daß aus dem virtuellen Teilchen ein reales werden kann. Die beiden Teilchen können zwar in das Schwarze Loch fallen, ebenso kann aber das Teilchen mit der positiven Energie auch entweichen. Ein von außen blikkender Beobachter gewinnt den Eindruck, daß es aus dem Schwarzen Loch kommt. In Wirklichkeit stammt es aber von außen. Der andere Partner des Paares hat indessen dem Loch negative Energie hinzugefügt. Die verblüffende Konsequenz dieser Überlegungen besteht darin, daß ein Schwarzes Loch durch die „Hawking-Strahlung" immer kleiner werden und sogar verdampfen kann.

Ein anderer Weg, nach Antimaterie im Universum zu suchen, ist der direkte Nachweis von Antiteilchen mit Hilfe entsprechender Spektrometer, die außerhalb der Erdatmosphäre an Bord von Raumsonden oder erdumlaufenden Labors eingesetzt werden. Solange man dabei Protonen und Antiprotonen findet, entspricht dies der Erwartung, weil sie als Kollisionsprodukte hochenergetischer Partikel der kosmischen Strahlung mit interstelarer Materie entstehen müssen. Spektakulär wäre hingegen die Entdeckung von Antiheliumkernen oder Kernen noch schwererer Elemente, wie etwa Antikohlenstoff oder Antisauerstoff. Dies wäre ein wirklicher Hinweis auf das Vorkommen von Antisternen im Universum. Solche Nachweise sind jedoch bisher nie gelungen. Da die Nachweisgrenze mit den gegenwärtig zur Verfügung stehenden technischen Hilfsmitteln noch nicht extrem weitreichend ist, hoffen manche Physiker auf bessere Meßinstrumente. Ein verbessertes „Alpha Magnetic Spectrometer" (AMS), das speziell zum Nachweis von Antimaterie konstruiert wurde, soll ab 2010 an Bord der Raumstation ISS agieren. Auch der Röntgensatellit Chandra wird neuerdings für die Suche nach Antiatomen eingesetzt.

III. Das Bild eines Kosmos aus purer Materie

Was uns die Fernrohre zeigen

Seit wir den Himmel mit Teleskopen durchmustern, gelingen uns zunehmend immer tiefere Blicke in das Universum. Das verdanken wir vor allem der Vergrößerung der Empfänger-flächen unserer Fernrohre, der Linsen- wie der Spiegelteleskope, aber auch den heute mit den Instrumenten verbundenen Detektoren (Fotoplatte, elektronenoptische Bildwandler usw.). Der immer tiefere Blick ins Weltall hat uns jedoch nicht ein-fach immer mehr von dem offenbart, was wir aus unserer näheren Umgebung ohnehin schon kannten. Vielmehr wurden mit dem Vordringen in größere Raumestiefen auch qualitativ neuartige Objekte und Strukturen entdeckt. Die große Revo-lution des Nicolaus Copernicus bestand im 16. Jahrhundert bekanntlich noch in der Feststellung, daß nicht die Erde, sondern die Sonne im Zentrum des Universums steht. Heute würde jeder Realschüler über diese Behauptung lächeln. Die ehemalssphärisch gedachte Himmelskugel, an deren Innen-fläche die physikalisch nicht näher interpretierbaren Sterne festgeheftet schienen, erwies sich nämlich nach und nach als irreal – die Vorstellung eines uns umgebenden Raumes brach sich Bahn.

Der Blick durch ein Fernrohr ist der Blick in unterschied-liche Raumestiefen; die Sterne unseres Gesichtsfeldes befinden sich in den verschiedensten Entfernungen. Dabei stellte sich schon um die Mitte des 18. Jahrhunderts heraus, daß die fer-nen Sonnen keineswegs willkürlich verteilt sind, sondern sich in einem abgeplatteten Gebilde befinden, das wir als Milch-straßensystem bezeichnen. Das von jedem Punkt der Erde aus sichtbare, unregelmäßig geformte Band der Milchstraße be-steht aus einem dichten Gewimmel weit entfernter Sterne, wie große Teleskope verdeutlichen. Die Anordnung dieser Sterne, d.h. die von der Erde aus sichtbare scheinbare Verteilung, ist ein klarer Hinweis auf die abgeplattete Struktur dieses Stern-systems.

Erst im 20. Jahrhundert gelang es, die großräumige tatsächliche Verteilung der Sterne einigermaßen zutreffend zu erkennen, so daß wir heute ein Bild unserer weiteren kosmischen Heimat vor uns haben, das im wesentlichen der Wirklichkeit entspricht, im Detail allerdings noch zahlreiche Lücken aufweist: Das Sternsystem besteht aus etwa 200 Milliarden Sonnen unterschiedlicher Massen und Helligkeiten. Die Gesamtmasse des Systems ist allerdings wesentlich größer, wenn man die Objekte außerhalb der galaktischen Scheibe mit einbezieht sowie die Materie im Raum zwischen den Sternen und einen noch nicht unmittelbar nachgewiesenen Anteil dunkler Materie.

Der seitliche Anblick des gesamten Systems von rd. 100 000 Lichtjahren Durchmesser ähnelt einer Diskusscheibe. Die Abplattung, d. h. das Verhältnis von Durchmesser zu Dicke, beträgt etwa 1 : 7. Im Draufblick bietet das Sternsystem einen spiralförmigen Anblick (Spiralnebelsystem). Das gesamte Sternsystem befindet sich in Rotation. An der Position unserer Sonne, etwa 30 000 Lichtjahre vom Zentrum entfernt, beträgt die Rotationsdauer etwa 200 Millionen Jahre. Unsere Sonne bewegt sich demnach mit einer Geschwindigkeit von rd. 250 km/s um das Zentrum des Sternsystems.

Die schrittweise Entdeckung dieses Sternsystems war für viele Astronomen die Erkenntnis des Universums schlechthin. So wie Copernicus die Sonne mit ihren Planeten für das Universum hielt, das von einer sternübersäten Fixsternsphäre begrenzt wurde, galt nun das Milchstraßensystem als Inbegriff des Kosmos.

Doch auch dieses scheinbar wohlgefügte Bild ließ sich nicht halten. Zu Beginn der zwanziger Jahre unseres Jahrhunderts war die instrumentelle Technik so weit fortgeschritten, daß es erstmals gelang, früher für nebelartig gehaltene Objekte in Einzelsterne aufzulösen, allen voran den Andromeda-Nebel. Somit konnte man nun auch die Erkenntnisse, die man über Sterne unseres eigenen Systems gewonnen hatte, auf jene des Andromeda-Nebels anwenden. Unter anderem gelang es auf diesem Wege, die Entfernung des Andromeda-Nebels erstmals zu bestimmen. Das Ergebnis kam einer Revolution in der Astronomie gleich: Der Andromeda-Nebel befand sich weit außerhalb unseres Milchstraßensystems, wenn auch der Zahlenwert der Distanz später noch erheblich korrigiert werden mußte. Das Milchstraßensystem war also keineswegs das Universum, sondern nur ein Baustein des Ganzen. Zahllose weitere Sternsysteme wurden nun zum Gegenstand der Forschung, wobei sich zeigte, daß auch die Galaxien – wie die Einzelsterne – eine große Schwankungsbreite ihres äußeren Erscheinungsbildes, ihrer Dimensionen und Massen aufweisen. Die vom Milchstraßensystem bekannte Spiralstruktur, die auch den Andromeda-Nebel kennzeichnet, war nur eine unter anderen morphologischen Realitäten. Daneben fand man elliptisch geformte Gebilde, aber auch völlig irreguläre Galaxien sowie Balkenspiralen und linsenförmige Sternsysteme. Die Durchmesser liegen zwischen 6000 und knapp 200 000 Lichtjahren, während die Massen in einem Bereich von 10 Millionen bis 1000 Milliarden Sonnenmassen variieren. Auch die Galaxien sind nicht gleichmäßig im Universum verteilt. Sie sind in Haufen konzentriert, die unterschiedlich viele Sternsysteme enthalten können. Unser Milchstraßensystem gehört zu einem Galaxienhaufen, der als „Lokale Gruppe" bezeichnet wird und etwa 25 Galaxien verschiedenen Typs enthält. Es gibt aber auch viel objektreichere Galaxienhaufen wie z. B. den Virgo-Haufen mit rd. 2500 Mitgliedern.

Untersucht man den heute überschaubaren Teil des Universums, in dem sich mehrere 100 Milliarden Sternsysteme befinden, in großen Skalen, stellt man noch übergeordnete Strukturen fest. Man spricht von einer wabenartigen Anordnung der Galaxienhaufen, eine Art aneinanderstoßende Zellen, deren Inneres keine leuchtende Materie enthält. Es sind vielleicht sogar Galaxien, bei denen das Innere der „Waben" weitgehend leer ist. Längs der Zellwände findet sich eine dünne Galaxienschicht. Innerhalb der Wände sind aber auch Verstärkungen vorhanden. Diese Haufenketten laufen schließlich in sehr objektreichen Knoten zusammen, den sogenannten Superhaufen, in deren Zentren sich jeweils besonders auffällige Galaxienhaufen befinden.

Nebelflucht und Evolution des Universums

Was bedeuteten nun diese Befunde für unsere Vorstellungen von der Welt im großen?

Schon mehr als zehn Jahre vor der Entdeckung der Existenz extragalaktischer Sternsysteme hatte Albert Einstein seine Allgemeine Relativitätstheorie veröffentlicht. Sie revolutionierte die bis dahin gültigen Vorstellungen von Raum und Zeit. Die Allgemeine Relativitätstheorie ist die Theorie der Gravitation. Während sich die Anziehungskräfte zwischen den Massen nach der bestens bewährten Newtonschen Theorie gleichsam mit unendlicher Geschwindigkeit ausbreiten, gibt es bei Einstein diese mysteriöse Fernwirkung nicht mehr. Einstein formulierte vielmehr eine Feldtheorie der Gravitation. Zunächst denkt man dabei an die Aufklärung der magnetischen oder elektrischen Fernwirkungen, die ebenfalls durch eine Feldtheorie beseitigt wurden. Demnach verleiht eine magnetische oder elektrische Ladung dem sie umgebenden Raum eine Eigenschaft, der als magnetisches oder elektrisches Feld bezeichnet wird. Die Ausbreitung einer elektromagnetischen Welle kommt durch eine Störung des Feldes zustande. In der Einsteinschen Theorie ist die Beziehung zwischen Feld und Raum jedoch noch von anderer Art: Dem Raum wird durch die Anwesenheit der Massen eine Struktur verliehen, von der die Bewegungen der Massen bestimmt werden. Würde man die Massen aus dem Raum – der als vierdimensionales raum-zeitliches Kontinuum zu verstehen ist – entfernen, so verschwände gleichzeitig der Raum selbst. Nach der Newtonschen Physik wäre auch ein leerer Raum ohne Massen denkbar.

Einsteins Theorie der Gravitation, deren Richtigkeit inzwischen innerhalb ihrer Gültigkeitsgrenzen bestens bestätigt ist, gestattet es ihrer Natur nach, Aussagen über die Welt als Ganzes zu machen. Sie stellt deshalb auch die Grundlage aller modernen kosmologischen Untersuchungen, Hypothesen und Theorien dar. Einstein unternahm schon kurz nach der Formulierung der Theorie den Versuch, aus ihr ein Weltmodell abzuleiten. Dabei ging er von der Annahme aus, daß die durchschnittliche Materiedichte im gesamten Universum konstant sei und daß es im Universum keinerlei irgendwie bevorzugte Richtungen gibt (Homogenität und Isotropie). Die ursprünglichen Feldgleichungen veränderte Einstein durch die Hinzufügung einer sogenannten kosmologischen Konstanten, deren positiver Wert der Existenz einer Abstoßungskraft entspricht, die der Entfernung direkt proportional ist. Auf dieser Grundlage erhielt er einen riesigen statischen Kugelraum. Die Summe aller Raumkrümmungen, die durch die im Kosmos vorhandenen Massen bedingt sind, bewirken eine Gesamtkrümmung, die den Raum in sich selbst zurückführt. Der Kosmos ist demnach zwar grenzenlos, aber nicht unendlich. Das Volumen des geschlossenen Kosmos kann berechnet werden. Das zweidimensionale Analogon ist die Kugeloberfläche. Man kann den endlichen Wert einer Kugeloberfläche zwar angeben, gelangt aber auf der Fläche selbst niemals an eine Grenze. Ein Lichtstrahl, in Einsteins statischem Kosmos einmal irgendwo ausgesendet, gelangt nach einer bestimmten Zeit an seinen Ausgangspunkt zurück.

Schon 1922 konnte der russische Mathematiker und Physiker A. A. Friedmann jedoch zeigen, daß Einstein seine eigenen Gleichungen falsch angewendet hatte. Nach Friedmanns Studie „Über die Krümmung des Raumes" kann es auf der Grundlage der Allgemeinen Relativitätstheorie einen statischen, immer gleichbleibenden Kosmos gar nicht geben. Vielmehr muß der Kosmos entweder expandieren oder kontrahieren, sich ausdehnen oder zusammenziehen. Dies bedeutet, daß man in den Spektren von Sternsystemen Hinweise auf Radialbewegungen vom Beobachter weg oder auf den Beobachter zu finden sollte – eine Schlußfolgerung, die den meisten Fachexperten ausgesprochen absurd erschien. Da die Allgemeine Relativitätstheorie damals ohnehin im lebhaften Streit der Meinungen stand, sah man in diesen Forderungen eher ein

Anzeichen für ihre Unbrauchbarkeit zur Lösung kosmologischer Probleme.

Doch man hatte sich getäuscht. Die extragalaktische Forschung erbrachte bald den unanfechtbaren Beweis dafür, daß sich die Galaxien tatsächlich im Durchschnitt vom Beobachter entfernen. Der Nachweis wurde durch den sogenannten Doppler-Effekt geführt: Bewegt sich eine Lichtquelle vom Beobachter fort, so erscheint sie etwas rötlicher als in Wirklichkeit, bewegt sie sich auf ihn zu, erscheint sie bläulicher. Die scheinbare Frequenzveränderung wird durch die Verschiebung der Linien im Spektrum der Objekte gegenüber einem Laborspektrum ohne Radialbewegung festgestellt. Solche Linienverschiebungen hatte der amerikanische Astronom Slipher bereits um das Jahr 1912 gefunden, als die extragalaktische Natur der Nebel noch gar nicht gesichert war. Die Beobachtungsdaten gestatteten aber damals noch keine allgemein anerkannten Schlüsse. Eine Wende brachte das Anfang der 20er Jahre in Betrieb genommene Hooker-Teleskop des Mt. Wilson Observatory mit seinem für damalige Verhältnisse enormen Spiegeldurchmesser von 250 cm. Mit diesem Instrument war es möglich, lichtschwächere und somit weiter entfernte Objekte zu erfassen sowie Spektren größerer Dispersion zu erzeugen. Als nun E. Hubble und M. Humason Ende der 20er Jahre die Spektren von 65 extragalaktischen Objekten unterschiedlichster Entfernung zusammenstellten, fanden sie eine lineare Beziehung zwischen den Rotverschiebungen in den Spektren dieser Galaxien und deren Entfernung.

Offensichtlich bedeutete dies eine Bestätigung der Idee des Evolutionskosmos entsprechend den Schlußfolgerungen, die Friedmann aus der Allgemeinen Relativitätstheorie gezogen hatte. Doch die Konsequenzen dieser Entdeckung der Nebelflucht waren noch tiefgreifender: Wenn sich die Galaxien alle voneinander entfernen und dies mit einer um so größeren Geschwindigkeit, je weiter sie voneinander entfernt sind – wie mußte dann der Kosmos früher einmal beschaffen gewesen sein? Konnte man das Evolutionsgeschehen in die Vergangenheit zurückrechnen? Unter der Annahme, daß die gegenwärtig beobachtete Ausdehnung des Raumes, deren Indiz die Galaxienflucht ist, auch schon früher stattfand, ergab sich zwangsläufig, daß der Kosmos in fernster Vergangenheit viel kleiner, die Massen viel dichter und die Temperatur viel höher gewesen sein mußten. Auf diese Weise entstand eine der bedeutendsten Theorien über die Geschichte des Universums, die Vorstellung vom Urknall (Big Bang). Vor einer berechenbaren Zeit, die etwa 15 Milliarden Jahre in der Vergangenheit liegt, war alle Masse des Universums in einem einzigen Punkt vereinigt, herrschten unendliche Dichte und Temperatur. Natürlich konnte es damals keine Sternsysteme und Sterne gegeben haben. Diese mußten das Produkt später einsetzender Vorgänge sein. Auch Atome konnten unter den zum „Zeitpunkt Null" herrschenden Bedingungen nicht vorhanden gewesen sein. Diese Schlußfolgerungen erschienen höchst exotisch und waren außerdem für den Augenblick der „Singularität" keiner physikalischen Auslotung zugänglich. Selbst Quantenphysik und Relativitätstheorie versagten für den Moment des Beginns der Expansion.

Deshalb entschlossen sich manche Astrophysiker, nach alternativen Interpretationsmöglichkeiten der beobachteten Expansion zu suchen. Einerseits wurde gefragt, ob die beobachteten Doppler-Verschiebungen in den Spektren der Galaxien nicht möglicherweise auch andere Ursachen haben könnten als die Radialbewegungen dieser Objekte. Man sprach von eventuellen, aber nicht näher faßbaren „Alterungserscheinungen" des Lichts. Die Astrophysiker Bondi, Gold und Hoyle setzten die „Steady-State-Hypothese" gegen den Evolutionskosmos. Danach sollte das Universum zwar – wie beobachtet – expandieren, jedoch sollte dieser Zustand schon immer und für alle Zeiten andauern, ohne das es Veränderungen im Erscheinungsbild des Kosmos gibt. Die unvermeidliche Folge war allerdings die Annahme, daß die zunehmende Verdünnung der mittleren Materiedichte infolge der Expansion durch „spontane Materieentstehung" im Raum zwischen den Galaxien ausgeglichen wird. Die Anhänger der Hypothese argumentierten, die Idee einer ständigen Neubildung von Materie aus dem „Nichts" sei letztlich nicht widersinniger als die andere Annahme, das gesamte Universum sei im Moment des Urknalls entstanden oder „erschaffen". Noch in den fünfziger Jahren gab es keine definitive Entscheidung über die beiden konkurrierenden Hypothesen. Doch inzwischen gibt es keinen Zweifel mehr daran, daß die „Urknall-Hypothese" die Geschichte des Weltalls im wesentlichen richtig beschreibt. Zwei amerikanische Radioastronomen, Arno Penzias und Robert Wilson entdeckten nämlich im Jahre 1965 (zufällig) eine aus allen Richtungen des Universums kommende Radiostrahlung der Wellenlänge 7,3 cm. Nach der Planckschen Strahlungstheorie entspricht dieser Strahlung eine Temperatur des Strahlers von rd. 3 K – knapp über dem absoluten Nullpunkt. Wir befinden uns inmitten dieses Strahlers, denn es handelt sich um ein Relikt, gleichsam das „Echo des Urknalls". Ist das Universum tatsächlich aus einem superdichten, superheißen Feuerball hervorgegangen, so muß sich das einstmals heiße Photonengas infolge der Expansion immer weiter abkühlen. Für die Gegenwart findet man rein rechnerisch eine Temperatur von genau jenen 3 K, die Penzias und Wilson festgestellt haben. Das war der Todesstoß für die „Steady-State-Theorie".

Nun mußte man sich intensiv mit dem Geschehen in einem ursprünglich extrem dichten und heißen Universum beschäftigen; es entstand die Aufgabe, die Geschichte des Kosmos mit den Hilfsmitteln der uns zu Gebote stehenden physikalischen Gesetze zu beschreiben und die daraus abgeleiteten Konsequenzen mit den der Beobachtung zugänglichen Daten zu vergleichen. Dabei kam auch die Antimaterie wieder ins Spiel.

Rezepte für den Anfang

Als das Universum zu expandieren begann, sanken Temperatur und Dichte rasch. Während wir mit den Hilfsmitteln der Physik über den Zustand unendlich hoher Dichte und Temperatur keine Aussagen zu machen vermögen, führt die Ausdehnung des Universums sehr schnell zu Verhältnissen, die wir mit unseren heutigen Kenntnissen bereits verstehen können.

Schon eine einzige Sekunde nach dem „Urknall" betrug die Temperatur „nur noch" 10 Milliarden Kelvin. Dieser immer noch unvorstellbar hohe Wert überschreitet die Temperaturen im Innern der heißesten Sterne lediglich noch um den Faktor 100. Die Temperatur des Universums, zugleich ein Maß für die Energie der darin enthaltenen Teilchen, hatte einen entscheidenden Einfluß auf die Vorgänge, die sich damals abgespielt haben. Die Temperatur bestimmt nicht allein, ob sich Teilchen zu Atomen zusammenfügen können, sondern auch, welche Teilchen überhaupt existieren. Von der Energie hängt es nämlich ab, welche Massen gemäß $E = m \times c^2$ entstehen können, und zwar stets paarweise: Teilchen und Antiteilchen. Für die Bildung von Elektron-Positron-Paaren reichen schon vergleichsweise geringe Energien aus; wir erinnern uns an die früher erwähnten 511 keV! Zur Bildung von Elektron-Positron-Paaren ist bereits eine Temperatur von 6 Milliarden Kelvin hinreichend. Liegt die Temperatur höher, entstehen sie ebenfalls, übernehmen aber die zusätzlich vorhandene Energie in Form entsprechend hoher Geschwindigkeiten. Bei geringeren Temperaturen (Energien) können jedoch Elektron-Positron-Paare nicht entstehen. Schwerere Teilchen erfordern höhere Temperaturen. So ist z. B. zur Erzeugung von Myonen eine Temperatur von 1,2 Billionen Kelvin erforderlich.

Da die Teilchen stets paarweise entstanden, gab es ein Gleichgewicht zwischen Teilchenentstehung und -zerstrahlung. Die Zahl der Photonen entsprach der Zahl der Teilchen. Lediglich die entstandenen Neutrinos und Antineutrinos haben an diesem Vorgang nur eingeschränkt teilgenommen, da sie äußerst geringe Wechselwirkungen eingehen. Ist unser Bild von den frühesten Anfängen des Universums richtig, erwarten wir auch heute noch Neutrinos und deren Antiteilchen in Hülle und Fülle im Weltall. Ihre Energie ist allerdings inzwischen so niedrig, daß wir sie gegenwärtig nicht nachweisen können. Sollten sie allerdings eine – wenn auch noch so geringfügige – Masse besitzen, könnten sie insgesamt einen bedeutsamen Beitrag zur Gesamtmasse des Universums leisten und somit einen Teil der in jüngerer Zeit vieldiskutierten rätselhaften „dunklen Materie" darstellen. Wenn nun aber in der frühesten Phase des Universums die Teilchen streng symmetrisch entstanden sind, dann fragt es sich, warum wir im Weltall heute überhaupt Teilchen und die aus ihnen gebildeten Objekte (Gas, Staub, Sternsysteme, Sterne, Planeten, Monde usw.) vorfinden. Denn schon 100 Sekunden nach dem „Urknall" waren die Temperaturen so weit gesunken, daß keine neuen Teilchen mehr entstehen konnten. Jedes bis zu diesem Zeitpunkt entstandene Teilchen hätte sich also nun mit einem Partner aus der „Antiwelt" treffen und gegenseitig „vernichten", d.h. in Energie umwandeln müssen. Ein Universum, in dem dieses Szenario tatsächlich abgelaufen wäre, hätte natürlich auch seine Betrachter, d.h. uns Menschen, nicht hervorbringen können. Es bleibt also nur die Alternative, daß sich die Antiteilchen im Prozeß der Entwicklung des Universums sehr rasch separiert haben, so daß es nicht zur (vollständigen) Zerstrahlung kam, oder daß die Zahl der Teilchen und der Antiteilchen nicht dieselbe war. Dann hätten sich Teilchen und Antiteilchen so lange gegenseitig „vernichtet", bis nur noch eine Sorte übriggeblieben wäre.

Für diese letztgenannte Variante sprechen nun einige erstaunliche Erkenntnisse der Elementarteilchentheoretiker. Auch diese gehen von einer anfangs vollkommen symmetrischen Welt aus. Die höchstmögliche Symmetrie finden wir beim leeren Raum vor. Keine irgendwie gearteten Transformationen – Verschiebung, Drehung oder Spiegelung – verändern auch nur das geringste. Weil es im leeren Raum nichts gibt, das man verändern könnte, besitzt er die höchstmögliche Symmetrie. Das Universum, in dem wir uns befinden, ist offensichtlich ganz anders beschaffen. Es gibt darin nicht etwa nichts, sondern sehr vieles: Sterne, Sternsysteme, Planeten wie z.B. die Erde mit Pflanzen, Tieren, Menschen, Landschaften, Wettererscheinungen usw. Der Zustand des heutigen Universums ist also dadurch gekennzeichnet, daß er keineswegs die Symmetrie des Vakuums (oder des Chaos – auch dieses ist völlig symmetrisch) aufweist. Die Elementarteilchentheoretiker und die Kosmologen sehen den heutigen Zustand eines Universums, das nicht symmetrisch ist, als das Ergebnis eines Entwicklungsprozesses an. Schon Einstein suchte – vergebens! – nach einer alle Vorgänge der Wirklichkeit erfassenden Theorie. Die Überzeugung, daß eine solche Beschreibung der Wirklichkeit, die alle Wechselwirkungen zu beschreiben vermag, tatsächlich möglich ist, leitet die Bestrebungen der Wissenschaftler bis heute. Das bisherige Produkt dieser Bemühungen der Forschung sind sogenannte Große Vereinheitlichte Theorien (GUTs = Grand Unified Theories). Ihnen zufolge gab es unmittelbar nach dem Beginn des Urknalls keine voneinander unterscheidbaren Grundkräfte. Die starke Kernkraft etwa, die in den Neutronen und Protonen die Quarks zusammenschweißt, wird demnach bei höheren Energien immer schwächer, während die schwache und die elektromagnetische Wechselwirkung an Stärke zunehmen. Bei extrem hohen Energien erweisen sich die drei im heutigen Universum wohl voneinander unterscheidbaren Kräfte als verschiedene Aspekte einer einzigen. Quarks können sich im Innern von Protonen in Antielektronen und Antiquarks in Elektronen verwandeln. Bei diesen Vorgängen müssen in frühester Zeit, als die „Große Vereinheitlichungsenergie" herrschte, mehr Quarks als Antiquarks entstanden sein, so daß sich später mehr Neutronen und Protonen als Antineutronen und Antiprotonen bildeten. Eine bemerkenswerte Konsequenz der Umwandlungen von Quarks und Antiquarks ist der Zerfall von Protonen, die somit keine stabilen Teilchen sein können.

Diesen Umstand erklärt man sich mit einer Brechung der anfangs vollkommenen Symmetrie. Im Verhalten von Teilchen und Antiteilchen gibt es keine vollkommene Symmetrie mehr. In der Tat wurden solche Symmetriebrechungen in jüngerer Vergangenheit entdeckt. Wären alle Naturgesetze für Teilchen und Antiteilchen miteinander identisch, so herrschte die C-Symmetrie. Wenn alle Teilchen für jede Situation und ihr Spiegelbild gleich sind, also gleich gegenüber Raumspiegelungen, spricht man von der P-Symmetrie. Gelten alle Gesetze unabhängig davon, ob die Zeit vorwärts oder rückwärts läuft, ist auch die T-Symmetrie gegeben. Als bestens bestätigt gilt das CPT-Theorem. Es besagt, daß alle Naturgesetze unverändert erhalten bleiben, wenn man die drei Transformationen C, P und T nacheinander ausführt. Die Reihenfolge ist dabei gleichgültig. Das Theorem macht allerdings keine Aussage über die Gültigkeit der einzelnen Symmetrien für sich allein. Zu den rätselhaften Teilchen einer jeden „Großen Vereinheitlichten Theorie" zählen die experimentell nicht bekannten sehr schweren X-Teilchen. In frühester Zeit, bei den extrem hohen Temperaturen, die bis etwa 10^{-35} Sekunden nach dem Urknall geherrscht haben, gab es diese X-Teilchen jedoch in Hülle und Fülle. Die X-Teilchen sind nach den Vorstellungen der Elementarteilchentheoretiker jene Zwischenteilchen, über die sich der Zerfall von Protonen vollzieht. Solche Protonenzerfälle hat man bisher leider noch nie beobachtet. Sie sind jedoch unabdingbar, um den in der tiefen Vergangenheit des Universums entstandenen Überschuß der heute dominanten Materie über die Antimaterie zu verstehen. Übrigens reicht es zur Herausbildung eines solchen Überschusses nicht aus, daß Quarks und Protonen sowie Antiquarks und Antiprotonen zerfallen können. Vielmehr muß der Zerfall von Protonen in Positronen langsamer vonstatten gehen als der Zerfall von Antiprotonen in Elektronen. Dazu ist eine Verletzung der Symmetrie der Naturgesetze in einer genau dosierten Weise erforderlich. Zunächst scheint klar, daß es sich um eine Verletzung der C-Symmetrie handeln muß, die ja die Identität der Naturgesetze für Teilchen und Antiteilchen zum Ausdruck bringt. Doch auch dies allein ist nicht hinreichend, da es für die Bilanz Teilchen – Antiteilchen ohne Belang ist, ob eine Reaktion oder ihr Spiegelbild abläuft. Ist nämlich die kombinierte Reaktion CP in Ordnung, so gäbe es völlige Gleichberechtigung der Reaktionen von Protonen und Antiprotonen. Die CP-Verletzung muß also so beschaffen sein, daß das Verschwinden eines Antiprotons wahrscheinlicher ist als das Verschwinden eines Protons. Dies ist tatsächlich der Fall, könnte aber noch neutralisiert werden, wenn ebensoviele Reaktionen in der umgekehrten Richtung abliefen. Wir benötigen also eine sehr genau austarierte Symmetrieverletzung der Naturgesetze gegenüber der CP-Spiegelung P bei gleichzeitiger Ladungsvertauschung C.

Eine solche CP-Verletzung existiert tatsächlich, wie die beiden Physiker Joseph Cronin und Val Fitch Anfang der sechziger Jahre herausfanden. Damit fiel ein Dogma der Quantenmechanik, da man bis dahin fest davon überzeugt war, daß sich Teilchen und Antiteilchen exakt gleich verhalten, wenn man Ladung und Parität – die Raumorientierung – vertauscht. Die experimentellen Ergebnisse von Fitch und Cronin zeigten jedoch, daß es bei den sogenannten Kaonen eine geringfügige Differenz ihrer Lebensdauer gegenüber der ihrer Antiteilchen gibt, die allerdings nur 0,2% beträgt. Die CP-Verletzung war damit zwar bewiesen, aber noch keineswegs zufriedenstellend aufgeklärt. Der Effekt ist nicht nur extrem gering, sondern auch theoretisch schwer zu beschreiben. Ausgezeichnet geeignet für die Untersuchung der CP-Verletzung sind die B-Mesonen. Hier erwartet man nicht nur einen rd. 100mal größeren Effekt, sondern man ist auch in der Lage, den Effekt im Rahmen der gültigen Modellvorstellungen präzise vorherzusagen. Gegenwärtig sind drei Experimente zum Nachweis der CP-Verletzung bei B-Mesonen in Vorbereitung: in den USA, in Japan und in Deutschland bei DESY. Bei allen Experimenten geht es darum, möglichst große Mengen von B-Mesonen zu erzeugen und dann deren Verhalten zu studieren.

Wie bereits erläutert, ist eine Folge der CP-Verletzung der Protonenzerfall. Fänden wir in irgendeinem Labor der Welt experimentell den Zerfall des Protons, so könnten wir zuverlässig schließen, daß unsere Überlegungen richtig sind und Antimaterie im Universum aufgrund seiner Lebensgeschichte heute nicht mehr vorkommt. Allein die Möglichkeit des Protonenzerfalls als Folge der Großen Vereinheitlichten Theorien hat zunächst unter den Physikern weithin für Verwirrung gesorgt. Denn nun waren auch die letzten für wirklich stabil gehaltenen Elementarteilchen, nämlich die Quarks sowie die aus ihnen bestehenden Protonen und Neutronen, unter die sterblichen Partikel gefallen. Daraus entstand folgerichtig die Idee eines sich allmählich auflösenden Kosmos infolge des spontanen Zerfalls aller Elementarteilchen. Etwas gemildert wurde dieser furchteinflößende Gedanke jedoch bald dadurch, daß die Lebensdauer des Protons im Rahmen der ersten Großen Vereinheitlichten Theorie von H. Georgi und S. Glashow 1974 abgeschätzt werden konnte. Für die Lebensdauer des Protons ergab sich die unvorstellbar lange Zeit von 10^{30} Jahren! Ein einzelnes Proton kann demzufolge viel länger existieren, als die gesamte bisherige Lebensdauer des Universums beträgt. Von einem zerfallenden Kosmos würde man deshalb auf unabsehbare Zeiten überhaupt nichts bemerken.

Sterbende Protonen gesucht

Schon die Existenz von uns Menschen ist ein deutlicher Beleg für eine extrem lange Lebensdauer der Protonen. Würden Protonen nämlich nicht mindestens 10^{16} Jahre stabil bleiben, müßten wir an der durch den Zerfall der Protonen ausgelösten inneren Strahlenbelastung zugrunde gehen. In unserem Körper befinden sich nämlich rd. 10^{28} Protonen. Doch für die Tests der Großen Vereinheitlichten Theorien reicht diese Erkenntnis natürlich nicht aus. Vielmehr ist es erforderlich, die vorhergesagten Lebenserwartungen der Protonen tatsächlich zu messen.

Wie kann man ein zerfallendes Proton experimentell erfassen, wenn es mindestens 10^{30} Jahre lang nicht zerfällt? Das Gesetz der großen Zahl eröffnet einen Zugang zur Lösung des Problems. Wenn nämlich ein Proton in 10^{30} Jahren zerfällt, dann kann man erwarten, daß von 10^{30} Protonen in jedem Jahr eines zerfällt. Die seit etwa 20 Jahren betriebenen Versuche zum Nachweis der Instabilität von Protonen basieren deshalb auch ausnahmslos auf Detektoren, in denen sich enorm viele Protonen befinden. Ähnlich wie bei einer großen Menge eines radioaktiven Elements ständig Atome spontan zerfallen und nach Ablaufzeit der sog. Halbwertszeit die Hälfte aller Atome in ihre Folgeprodukte übergegangen ist, müßten Protonen – wenn auch mit geringer Wahrscheinlichkeit – ständig zerfallen, sofern man eine genügend große Anzahl davon zur

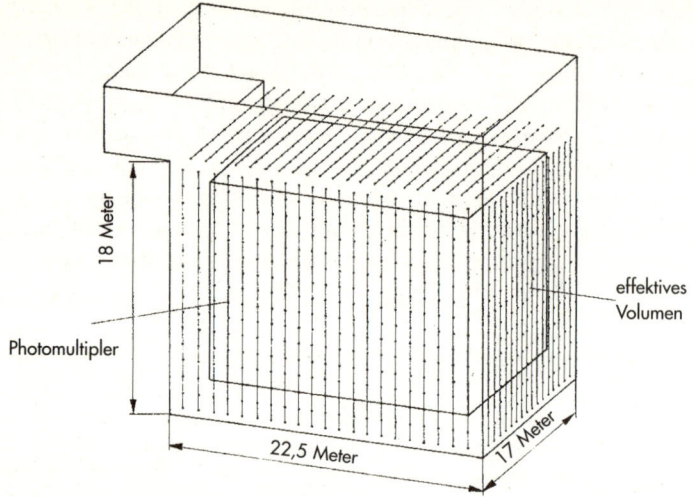

18 Meter

Photomultipler

effektives Volumen

22,5 Meter

17 Meter

Abb. 16: Prinzipskizze eines Detektors zum Nachweis von Protonen-
zerfällen. Das effektive Volumen umfaßt 3300 Tonnen Wasser.

Verfügung hat. Experimentell handelt es sich allerdings um
eine Aufgabe von erheblicher Schwierigkeit. Erstens muß der
Zerfall eines einzelnen Protons innerhalb des Detektors von
einigen tausend Tonnen Masse tatsächlich beobachtet werden. Zweitens müssen alle denkbaren anderen Effekte „ausge-
blendet" werden. Auf die Atome des Detektors wirkt nämlich
ständig auch die „kosmische Strahlung" ein, ebenso die na-
türliche Radioaktivität der irdischen Elemente, aber auch die
intensive Neutrinostrahlung aus dem Weltall. Um die Theorie
zu überprüfen, muß man sicher sein, daß ein beobachteter
Lichtblitz, der über entsprechende Fotoelemente nachgewiesen wird, auch tatsächlich von einem Protonenzerfall stammt.
Zur Ausschaltung unerwünschter anderer Effekte werden die
Detektoren möglichst gut abgeschirmt, indem man sie in großen Tiefen unter der Erde, z.B. in ausgedienten Bergwerken
installiert. Um das Prinzip des Nachweises von Protonenzer-
fällen zu veranschaulichen, wollen wir die beiden Versuchssy-
steme beschreiben, die bislang entwickelt worden sind: die

Dichtedetektoren und die Wasserdetektoren. Erstere benutzen zum Nachweis des Zerfalls Materialien mit großem spezifischen Gewicht, wie z. B. Stahl oder Beton. Der Detektor ist dann relativ klein, und die Zerfallsprodukte können innerhalb des Detektors relativ leicht aufgefangen werden. Die Detektoren für den Zerfall müssen andererseits relativ nahe beieinander sein, weil die Dichte des Materials groß ist. Die Wasserdetektoren benötigen natürlich ein bedeutend größeres Volumen, da für den Nachweis einer vermuteten Lebensdauer von 10^{32} Jahren bereits Tonnen an Masse benötigt werden. Der Vorteil von Wasserdetektoren besteht jedoch darin, daß man die Instrumente nicht so eng anordnen muß, weil die hohe Transparenz des Wassers den Nachweis von Teilchen über größere Distanzen zuläßt.

Ein Dichtedetektor besteht z. B. aus Betonstücken, in denen sich lange Gasröhren befinden. Ein ankommendes Teilchen erzeugt ein elektrisches Signal. Aufgrund der Anordnung der Röhren ist es möglich, die Bahn eines eingedrungenen Teilchens zu rekonstruieren. Bei den Wasserdetektoren geht von dem eingefallenen Teilchen ein Lichtkegel aus (die sog. Cerenkov-Strahlung), der von mehreren Fotoröhren nachgewiesen wird. Aus der Lage der Röhren und dem Winkel der Strahlung kann der Ort abgeleitet werden, an dem das Teilchen aufgetreten ist. Dies gilt allerdings nur, solange sich die Teilchen im Innern der Masse befinden. Randnahe Ereignisse müssen ausgeschlossen werden, da sie von kosmischer Strahlung oder natürlicher Radioaktivität herrühren könnten und von den eigentlich gesuchten Ereignissen nicht zu unterscheiden sind. Die Folge sind erhebliche Probleme bei der technischen Realisierung. Man benötigt nämlich deutlich größere Volumina der Detektoren als rein theoretisch berechnet. Ein Wasserwürfel von 6 m Kantenlänge besäße z. B. infolge der auszusondernden Randphänomene nur das wirksame Volumen eines Würfels von 2 m Kantenlänge. Um etwa 10^{33} Protonen zur Verfügung zu haben, ist daher schon ein Wasservolumen von 10 000 Tonnen erforderlich! Eine gedachte Lebensdauer der Protonen von 10^{31} Jahren würde in einem solchen

Detektor zu rd. 100 Zerfällen pro Jahr führen. Es ist allerdings nicht einfach, geeignete Örtlichkeiten zu finden, um derart große Volumina tief genug unter der Erdoberfläche zu installieren. Gute Abschirmung gegen kosmische Strahlung bei gleichzeitiger guter Zugänglichkeit, wie sie für das langjährige Betreiben der Experimente erforderlich ist, sind die Randbedingungen. Sie werden im allgemeinen von Salz- und Metallbergwerken, in Europa auch durch einige Alpentunnel gut erfüllt. Inzwischen sind von zahlreichen Forschergruppen in den USA, Europa, Indien u. a. Ländern Protonenzerfallsdetektoren in Betrieb – teilweise bereits seit Jahrzehnten. Die Ergebnisse sind durchweg negativ: Es wurden keinerlei Protonenzerfälle registriert. Dies bedeutet nicht, daß Protonen doch stabile Teilchen wären; vielmehr geht aus den Experimenten lediglich hervor, daß die Lebensdauer der Protonen – falls sie endlich wäre – jenseits der durch die Detektoren gesetzten Grenzen liegen müßte. Folglich sollten die Protonen im Ergebnis der Experimente eine Lebensdauer von mehr als $6 \cdot 10^{32}$ Jahren aufweisen. Das entspricht nicht den Erwartungen der Theorie. Damit ist aber die Theorie über das geringfügige Übergewicht der Materie über die Antimaterie in der frühesten Jugend des Universums noch keineswegs widerlegt. Vielmehr basierten ja die Voraussagen über die Lebensdauer des Protons um die 10^{31} Jahre lediglich auf einer der zahlreichen Versionen der GUTs. Andere Varianten führen auch zu anderen Werten für die Halbwertszeit der Protonen. Allerdings bringt der experimentelle Nachweis höherer Lebensdauern eine grundsätzliche Schwierigkeit mit sich: Bei einer so geringen Zahl erwarteter Zerfälle kommen die Neutrinos ins Spiel; sie lösen Ereignisse aus, die von den gesuchten mit den gegenwärtig benutzten Detektoren nicht zu unterscheiden sind. Deshalb ist auch ein Durchbruch bei der Klärung dieser Fragen bisher ausgeblieben.

Wie symmetrisch sind Teilchen und Antiteilchen?

Zwar sind Antiteilchen heute beinahe als eine Trivialität in das physikalische Weltbild integriert, doch sind sich die Experten trotzdem in einer wichtigen Frage noch unsicher: Herrscht zwischen Teilchen und Antiteilchen tatsächlich vollkommene Symmetrie (vgl. S. 81 ff.)? Eine in diesem Zusammenhang grundlegende Frage bezieht sich auf die Spektrallinien von Wasserstoff und Antiwasserstoff, die durch entsprechende Bahnübergänge der Elektronen bzw. Positronen zustande kommen. Stimmen die Spektren von Wasserstoffatomen präzise mit denen ihrer Antipoden aus der „Gegenwelt" überein oder nicht? Um dieses Problem zu klären, benötigt man eine genügend große Anzahl von Antiwasserstoffatomen. Doch diese müssen außerdem noch „kalt" sein, d. h. geringe Geschwindigkeiten aufweisen, sich im Grundzustand befinden und in einer magnetischen Falle speichern lassen. Das sind sehr hohe Hürden für die Experimentalphysiker am CERN. Als großen Erfolg auf dem Weg zu diesem Ziel konnten die Physiker deshalb bereits im Jahre 2002 hohe Erzeugungsraten von Antiwasserstoffatomen feiern, die allerdings immer noch zu „heiß" (schnell) waren, um gespeichert werden zu können. Dennoch gibt es Hoffnung, das Endziel demnächst zu erreichen, vor allem durch einen neuen alternativen Erzeugungsmechanismus für Antiwasserstoffatome. Die Messung von Frequenzen des Wasserstoffatoms ist in jüngster Zeit durch laserspektroskopische Methoden mit bisher unerreichter Genauigkeit am Max-Planck-Institut für Quantenoptik in Garching von T. W. Hänsch und seinen Mitarbeitern gelungen (Nobelpreis 2005). Das alles berechtigt zu der Hoffnung, eventuelle Unterschiede der Spektren von Wasserstoff und Antiwasserstoff demnächst feststellen zu können.[9]

Ein anderes bisher gänzlich ungelöstes Problem ergibt sich bezüglich des Verhaltens von Antiteilchen im Schwerefeld eines Körpers aus gewöhnlicher Materie. Im Rahmen der klassischen und selbst der relativistischen Physik wirkt diese Frage eher befremdlich, ergeben doch sämtliche der in ihrem Gültigkeitsbereich wohlbestätigten Theorien in dieser Hinsicht keinen Unterschied zwischen Teilchen und Antiteilchen. Warum sollte sich also ein Antiproton oder ein Positron im Schwerfeld der Erde anders verhalten als ein Proton oder Elektron? Warum sollte ein Antiapfel anders zur Erde fallen als ein gewöhnlicher Apfel?

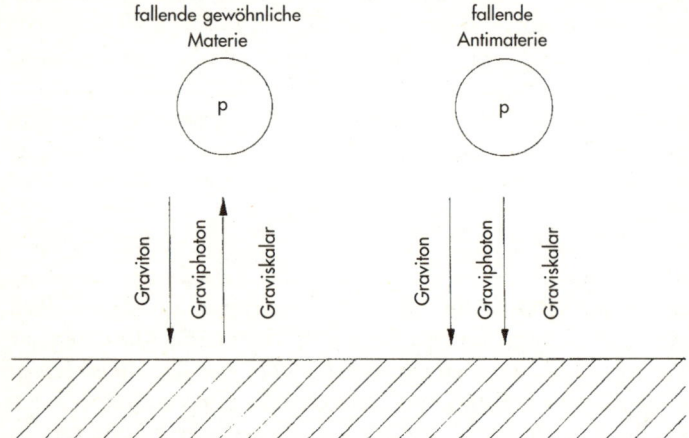

Abb. 17: Materie und Antimaterie im Schwerefeld – ein noch ungelöstes Problem

Das Äquivalenzprinzip der Schwerkraft besagt, daß die Massenanziehung auf alle Objekte gleich einwirkt, ungeachtet ihrer Beschaffenheit im einzelnen. Da auch Masse und Energie nur zwei verschiedene Erscheinungsformen ein und derselben Sache sind, gilt dies auch für Objekte ohne Ruhmasse, z.B. Lichtquanten. Die aus der Allgemeinen Relativitätstheorie abgeleitete Vorhersage einer Lichtablenkung im Schwerefeld wurde bekanntlich anläßlich totaler Sonnenfinsternisse auch quantitativ bestens bestätigt. Dennoch gibt es Gründe, die das Unerwartete möglich erscheinen lassen. Auf der Suche nach einer einheitlichen Theorie, die sowohl die Quantenmechanik als auch die Gravitation einschließt, wird zugleich die Gravitation quantisiert werden müssen. Während jedoch in der klassischen Physik die Bahn eines Teilchens durch Anfangsort und Anfangsgeschwindigkeit, die sog. Anfangsbedingungen, bestimmt sind, können in der Quantenphysik über die Teilchenbewegung nur Wahrscheinlichkeitsaussagen gemacht werden. Deshalb sind in einer Quantentheorie der Gravitation auch Wechselwirkungen zu erwarten, die das klassische Äquivalenzprinzip verletzen.

In den Quantengravitationstheorien wird die anziehende Wirkung durch drei Teilchen übertragen, die als Graviton, Graviskalar und Graviphoton bezeichnet werden. Graviton und Graviskalar sind für die Anziehung zuständig, das Graviphoton erzeugt jedoch Abstoßung im Falle von Materie und Anziehung im Falle von Antimaterie. Daraus würde sich eine um 14% größere Beschleunigung für Antimaterie im Schwerefeld der Erde gegenüber der Beschleunigung für Materie ergeben. Insofern stellt die Untersuchung des freien Falls von Teilchen und Antiteilchen im Schwerefeld der Erde einen Test für die modernen Quantengravitationstheorien dar. Wegen der erheblichen experimentellen Schwierigkeiten, mit denen entsprechende Versuche verbunden sind, wurden bislang noch keine eindeutigen Resultate erzielt. Eine schon seit den achtziger Jahren tätige Forschergruppe des Los-Alamos-Nationallaboratoriums in den USA vergleicht den freien Fall von Antiprotonen, die bei extrem tiefen Temperaturen eine Driftröhre durchlaufen, mit dem freien Fall von Wasserstoffionen.

Würde sich ein signifikanter Unterschied ergeben, so wären wir Zeitzeugen eines bedeutenden physikalischen Erkenntnisfortschritts. Doch alle bisher durchgeführten Messungen waren noch nicht aussagekräftig genug, um den Weg in die Schlagzeilen der internationalen Medien zu finden. Ein methodisch neuer Ansatz wird seit längerem von der „Antihydrogen Trap Collaboration" beschritten. Das Ziel besteht darin, Antiwasserstoffatome in einer Falle einzufangen und dann mit den Mitteln der Präzisionsspektroskopie zu untersuchen. Die spannende Frage lautet: Sind die Spektren von Antiwasserstoff identisch mit jenen von gewöhnlichem Wasserstoff oder nicht? Experimentell handelt es sich um ein sehr anspruchsvolles Unterfangen, denn die Antiwasserstoffatome weisen nach ihrer Produktion hohe Geschwindigkeiten (Temperaturen) auf.[10] Sie können deshalb nicht in einer magnetischen Falle eingefangen werden. Immerhin ist es den Forschern inzwischen gelungen, täglich einige hunderttausend relativ kalte Antiwasserstoffatome herzustellen. Die Temperatur ist aber immer noch deutlich zu hoch.

Gibt es mehr als ein Universum?

Solange die endliche Lebensdauer des Protons nicht erwiesen ist, können sich Anhänger der Antimaterie natürlich noch in verschiedene andere Szenarien flüchten, mögen diese auch recht spekulativ anmuten.

Lange bevor von den Großen Vereinheitlichten Theorien die Rede war, hat der schwedische Nobelpreisträger Hannes Alfvén Überlegungen darüber angestellt, wie es im Verlaufe der Lebensgeschichte des Universums zu einem Zustand gekommen sein könnte, den wir gegenwärtig beobachten und in dem das ganze überblickbare Universum offensichtlich von Materie erfüllt ist, während Antimaterie fehlt.

Dafür, so meinte er, könne es zwei mögliche Gründe geben: entweder bestünde das gesamte von uns beobachtete Universum aus Koinomaterie, während sich die Antimaterie in einem anderen, unserer Beobachtung nicht oder bisher nicht zugänglichen Teil der Welt angesammelt habe. Diese Annahme wirke aber recht gekünstelt und führe außerdem sofort zu der Frage, auf welche Weise Materie und Antimaterie dereinst voneinander getrennt worden seien. Naheliegender sei es, von einem Urzustand auszugehen, in dem Koino- und Antimaterie gleichmäßig gemischt gewesen seien. Um die Zerstrahlung auszuschließen, sollte dieses „Ambiplasma" eine extrem geringe Dichte besessen haben. Dieses metagalaktische Ambiplasma ist nun der Ausgangspunkt einer Entwicklung, die schließlich zur räumlichen Trennung von Materie und Antimaterie führt, wobei auch ein bestimmter Anteil von einigen zig Prozent durch Annihilation verlorengeht. Diese Hypothese mag zur Zeit ihrer Entstehung in den sechziger Jahren noch einiges für sich gehabt haben. Heute würde Alfvén sie gewiß nicht mehr vertreten.

Häufiger wird jedoch in jüngerer Zeit die Frage diskutiert, ob es vielleicht mehr als ein Universum gibt. Der Begriff „Universum" meint – wie man in jedem Lexikon nachlesen kann – die Gesamtheit des Kosmos. Folglich ist die Frage, die über diesem Kapitel steht, eigentlich widersinnig. Zumindest müssen wir näher erklären, was damit gemeint sein soll. Wir wollen fragen, ob das, was wir vom Universum in Erfahrung gebracht haben (keineswegs nur, was wir vom Weltall sehen oder durch direkte Beobachtungen nachweisen), tatsächlich die Gesamtheit dessen umfaßt, was existiert? Oder könnte es nicht vielleicht möglich sein, daß sich ähnliche Vorgänge, wie wir sie theoretisch in der Lebensgeschichte des Universums zusammenfassen, mehrmals (gleichzeitig oder nacheinander) abspielen können, wobei „Kosmen" entstehen, die unserem ganz unähnlich, vielleicht aber auch ganz ähnlich sind, jedoch mit dem von uns bisher als „Universum" beschriebenen Weltall nicht in Wechselwirkung stehen, so daß wir davon auch keinerlei direkte Wirkungen erfahren können? In diesen Universen könnten eventuell sogar andere Naturgesetze gelten.

Die Vielzahl der Universen ist keineswegs ein absurder Gedanke. Vielmehr legt die moderne Quantenkosmologie sie sogar nahe. Unser Universum ist danach nämlich aus einer sogenannten Quantenvakuumfluktuation hervorgegangen, wie sie sich aus der Heisenbergschen Unschärferelation ergibt. Sogenannte komplementäre Größen der Quantenphysik, wie z. B. Ort und Impuls eines Teilchens, lassen sich nach der Unschärferelation nämlich prinzipiell nicht beide mit beliebiger Genauigkeit ermitteln. Daher gibt es auch kein absolutes Vakuum, wie es die klassische Physik als den absolut leeren, eigenschaftslosen Raum lehrt. Ein Vakuum dieser Art müßte nämlich exakt den Energiezustand Null aufweisen, was aber eine Verletzung der Unschärferelation darstellen würde. Das

Vakuum der Quantenphysik ist ein Zustand niedrigster Energie, die aber um einen Mittelwert schwankt (fluktuiert). Diese Art von Vakuum ist von virtuellen Teilchen erfüllt, die sich ständig spontan bilden und ebenso wieder zerfallen. Ist die Energie der Teilchen groß, so haben sie extrem kurze Lebensdauern; Teilchen mit geringerer Energie können länger existieren. Starke Gravitationsfelder können nun aber dafür sorgen, daß die Teilchen real werden. In einem solchen Quantenvakuum, das sich dem anschaulichen Verständnis weitgehend entzieht, gibt es aber noch andere Merkwürdigkeiten: so existiert dort z. B. kein Zeitablauf!

Erst mit dem Urknall beginnt die kosmische Uhr zu ticken, und es gibt plötzlich ein Vorher und ein Nachher. Auch die Zahl der Dimensionen des primordalen Quantenvakuums ist beliebig groß und unterliegt ständigen Fluktuationen. Es ist nun aber durchaus möglich, daß aus diesem vieldimensionalen Raum durch Symmetriebrechung ein Raum mit zehn Dimensionen hervorgeht, von denen plötzlich infolge weiterer Symmetriebrechungen vier Dimensionen zu expandieren beginnen: Das uns bekannte Universum! Die verbleibenden sechs Dimensionen bedingen die Eigenschaften der uns bekannten Elementarteilchen. Die Quantenphysik lehrt nun aber, daß solche „Störungen" der ursprünglich perfekten Symmetrie eines Quantenvakuums beliebig oft vorkommen können. Jede Störung ergibt ein Universum. Leider können wir grundsätzlich nichts über die anderen Universen in Erfahrung bringen, denn die Koordinaten Raum und Zeit in unserem Universum gestatten es lediglich, Ereignisse in unserem Weltall zu lokalisieren. Wenn aber selbst unbekannte Naturgesetze dort das Geschehen bestimmen, ist ihr Bestehen aus Antimaterie noch die geringste Denkmöglichkeit.

Alle denkbaren Quantenzustände sollen real sein. Jedes neue Universum spaltet sich rechtwinklig vom anderen ab. Dadurch entstehen neue Welten, die keinerlei Verbindung untereinander aufweisen. Der Phantasie sind nun Tür und Tor geöffnet – wie in der Science Fiction, der wissenschaftlich-phantastischen Literatur.

IV. Antimaterie – lieferbar?

Die Physik des „Star Trek"

Noch lange bevor die Physiker mit dem Phänomen der Antimaterie einigermaßen zurechtkamen, waren bereits die Autoren der Science-fiction-Literatur von ihr begeistert. Besonders die bei der Begegnung von Materie mit Antimaterie freiwerdenden gewaltigen Energiemengen ließen den Erzählern phantastisch-wissenschaftlicher Geschichten geistige Flügel wachsen. Was konnte man alles mit den unbegrenzt zur Verfügung stehenden Energiemengen beginnen – in kriegerischen Auseinandersetzungen oder als Antrieb für die Raumflotten der Zukunft.

In Jack Williamsons „Seetee Ship" aus dem Jahre 1951 wird die Antimaterie bereits wie selbstverständlich als Energiequelle benutzt – „Seetee" steht für CT, eine Abkürzung des speziellen SF-Terminus „Contra Terrene matter". In dem Roman „Antimaterie-Bombe" („Seetee Shock")[11] desselben Autors aus dem Jahre 1949 begibt sich ein Team auf die Suche nach Antimaterie im Sonnensystem, um die damit auf einfache Weise zu gewinnende Energie allen Verbrauchern kostenlos zur Verfügung zu stellen. Vor langer Zeit – so will es der Autor – ist ein aus Antimaterie bestehender Planet in das Sonnensystem eingedrungen und mit dem aus gewöhnlicher Materie bestehenden Planeten Adonis zusammengestoßen. Das Resultat dieser Katastrophe sind Millionen von Trümmerstücken sowohl aus Materie als auch aus Antimaterie, ohne daß es zur vollständigen Zerstrahlung kam: die Kleinen Planeten zwischen den Bahnen von Mars und Jupiter. Nun sucht Nick Jenkins durch gezielte Schüsse nach den Antimaterie-Trümmern, die für eine spätere Energiestation den „Brennstoff" liefern sollen.

Auch in Stanislaw Lems Roman „Der Unbesiegbare" ist ein Antimateriewerfer mit auf Raumpatrouille an Bord des *Zyklopen* und richtet auf einem fernen Himmelskörper furchtbare Verwüstungen an.

Natürlich kommt auch das berühmteste aller Weltraum-abenteuer, die Star-Trek-Story, nicht ohne Antimaterie aus. Das Raumschiff *Enterprise* wird nämlich von Antimaterie betrieben – zwar nicht durchgängig, aber doch in besonderen Gefahrensituationen. Denn wenn es darauf ankommt, sich rasch aus einem Gefahrengebiet zu entfernen, wird der „Warpantrieb" eingeschaltet, in dem die Energie aus Materie-Antimaterie-Reaktionen stammt. Und woher nimmt man in den Einöden des Weltalls den Treibstoff? Er wird an Bord des Raumschiffes selbst produziert, und zwar immer dann, wenn er benötigt wird. Dadurch entfällt auch die unnötig lange Aufbewahrung des gefährlichen Materials, das ja keineswegs mit gewöhnlicher Materie in Berührung kommen darf, ehe die Antriebsenergie in einem erwünschten Prozeß freigesetzt wird. Lawrence M. Krauss hat sich in einer interessanten Studie mit der Physik von Star Trek[12] beschäftigt und dabei manches Hirngespinst der Autoren aufgespürt. Allein die Frage nach der Effizienz des Einsatzes von Antimaterie als Antriebsmittel führt zu einer enttäuschenden Bilanz. Gegenwärtig benötigen wir nämlich ungleich mehr Energie, um ein Antiproton herzustellen, als wir aus der Zerstrahlung eines Antiprotons gewinnen können. Der Energieaufwand für die Erzeugung einer Antiprotonenmasse ist etwa eine Million mal größer als die darin gespeicherte Energie. Wollten wir unser Wohnzimmer mit Energie aus der Zerstrahlung von Materie und Antimaterie beleuchten, wäre der gesamte Jahresetat der Vereinigten Staaten erforderlich! Soll die für Zerstrahlungsprozesse erforderliche Antimaterie an Bord des Raumschiffes *Enterprise* direkt erzeugt werden, wie es dem Willen der Filmschöpfer entspricht, so ist eine bisher völlig unbekannte Technik dazu erforderlich. Sie muß mit dramatisch geringerem Kostenaufwand funktionieren und auch einen entscheidend geringeren Platzbedarf aufweisen, als er für die heute verwendeten Beschleuniger typisch ist. Schreibt man die bisherigen Entwicklungstrends in die Zukunft fort, so müßte man wohl noch einige Jahrhunderte warten, ehe man diesen Stand der Technik erreicht hätte. Da sich auch die Autoren des SF-

Erfolgs dieser Probleme bewußt waren, beseitigen sie die Schwierigkeiten durch die Anwendung eines neuen Produktionsverfahrens: Sie setzen den „quantenmechanischen Ladungsumkehrer" ein. Wenn auch nicht bekannt ist, wie er funktionieren soll, so handelt es sich doch um ein Gerät, mit dem die Ladung der Elementarteilchen einfach umgekehrt wird. Aus Protonen werden somit durch Knopfdruck Antiprotonen und aus Neutronen entsprechend Antineutronen. Der Energieverlust betrüge nur noch 24 Prozent, meinen die Autoren – immerhin ein enormer Fortschritt gegenüber den heutigen Beschleunigern. Ganz davon abgesehen, daß der Vorgang der „Ladungsumkehr" selbst physikalisch rätselhaft bleibt, ist auch zu vermerken, daß Neutronen bekanntlich gar keine elektrische Ladung aufweisen. Es wären also ganz andere „Umkehrungen", z.B. im Bereich der Quarks, erforderlich.

Im „Next Generation Technical Manual" an Bord der *Enterprise* kann man nachlesen, was die Starfleet-Techniker für Tricks anwenden, um sich Schwierigkeiten vom Halse zu schaffen. So werden z.B. Antiprotonen und Antineutronen zu Antideuteriumkernen vereinigt, die dann noch die erforderlichen Positronen verabreicht bekommen, damit ein nach außen elektrisch neutrales Gebilde entsteht, nämlich ein Antiatom. Doch in Wirklichkeit lassen sich diese keineswegs leichter handhaben als elektrisch geladene Partikel. Zerstrahlung findet bei jeder Begegnung mit (ebenfalls neutralen) Atomen der gewöhnlichen Materie statt. Die Aufbewahrung der Antiatome ist aber ein unlösbares Problem. Um nämlich Katastrophen zu vermeiden, sind unbedingt Magnetfelder erforderlich, auf die aber elektrisch neutrale Atome nicht ansprechen.

Der Gedanke an die Verwendung von Antimaterie als Antriebsmittel für Fernreisen durch das Universum ist jedoch in der Science-fiction-Literatur bereits so fest verankert, daß sich die Frage stellt, ob es möglicherweise hierfür tatsächlich einen realistischen Hintergrund gibt, mag er auch in einer noch so fernen Zukunft liegen.

Herstellung und Aufbewahrung von Antimaterie

Die wichtigsten Voraussetzungen, um Antimaterie für irgend-
welche Zwecke technisch nutzbar zu machen, bestehen darin,
einerseits genügend große Mengen von geeigneten Antiteilchen herzustellen, diese aber andererseits auch aufbewahren
zu können. Die beste Möglichkeit, z. B. Antiprotonen für verschiedene technische Zwecke zu nutzen, wäre gegeben, wenn
die Teilchen geringe Geschwindigkeiten aufwiesen oder sich
sogar in Ruhe befänden. Dies wäre die ideale Bedingung, um
die Partikel in eine Art „magnetische Flasche" zu sperren und
dort zu speichern, ohne daß es zu unerwünschten Zerstrah-
lungseffekten kommen würde. Könnte man zur Erzeugung der
Antiprotonen Energien einsetzen, die gerade hinreichend sind,
um diese Elementarteilchen der Antimaterie herzustellen,
dann würden sie sich gleichsam in Ruhe befinden, also keine
zusätzliche kinetische Energie aufweisen. Die Schwellen-
energie liegt knapp oberhalb von 2 GeV. Leider ist die Er-

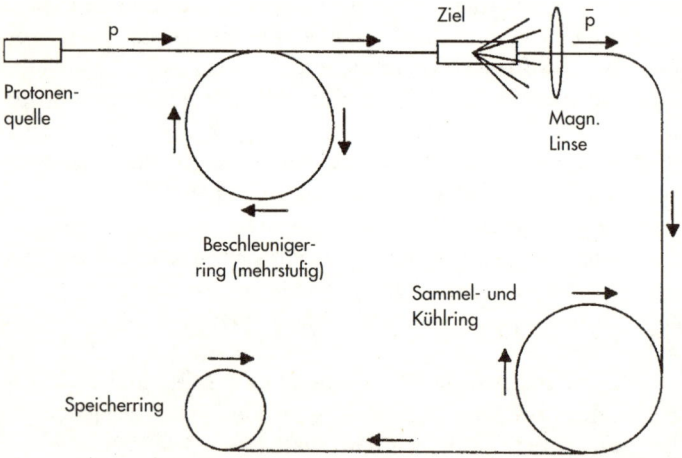

Abb. 18: So funktionieren die heutigen „Antiprotonen-Fabriken".
Die Kapazität ist allerdings für großtechnische Anwendungen viel
zu gering.

zeugungsrate bei dieser Energie extrem gering. Bei CERN wird deshalb die volle Energie von 26 GeV eingesetzt. Beim US-amerikanischen Fermi National Accelerator Laboratory (Fermilab) sind sogar 400 GeV im Spiel. Auf diese Weise ergeben sich hohe Erzeugungsraten, während man jedoch unvermeidbar sehr hohe Geschwindigkeiten der Antiprotonen in Kauf nehmen muß. Mehr noch: Die entstandenen Antiprotonen haben sehr unterschiedliche Energien und fliegen außerdem noch in die verschiedensten Richtungen. Folgerichtig mußte nun nach einem Verfahren gesucht werden, diese Antiprotonen auf einheitliche Geschwindigkeiten zu bringen und sie gleichzeitig in eine einheitliche Richtung zu zwingen. Dies wird durch die sogenannte Strahlkühlung erreicht. Strahlkühlung kann auf zwei unterschiedliche Arten bewirkt werden: Nach dem Verfahren des sowjetischen Physikers Gersh Budker wird die Kühlung mittels Elektronen bewirkt. Die zweite Idee der Kühlung stammt von dem holländischen Wissenschaftler Simon van der Meer (Nobelpreis 1984) und wird als „stochastische Kühlung" bezeichnet. Worum handelt es sich bei diesen Verfahren? Im ersten Fall wird ein Strahl „kalter" Elektronen benutzt, um den „heißen" Antiprotonenstrahl zu kühlen. Die Elektronen bewegen sich mit derselben Geschwindigkeit wie die Antiprotonen. „Kühl" bedeutet in diesem Fall, daß die Elektronen sich sowohl der Richtung als auch dem Betrage nach mit einheitlicher Geschwindigkeit bewegen.

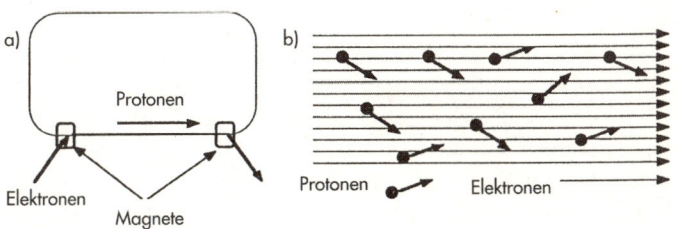

Abb. 19: Das Prinzip der Elektronenstrahlkühlung. Nachdem die Elektronen niederer Energie mit „heißen" Protonen zusammengebracht wurden, überträgt sich die unregelmäßige Bewegung der Protonen auf die Elektronen und wird so verringert.

Durch die elektrischen Kräfte zwischen den Teilchen kommt es zur „Kühlung" der Antiprotonen. Da die Masse der Elektronen nur rd. 1/2000 der Masse der Antiprotonen beträgt, bewegen sich Elektronen niederer Energie (54 keV) bereits mit derselben Geschwindigkeit wie die Antiprotonen bei 100 MeV. Elektronenstrahlen dieser niedrigen Energie lassen sich nun aber mit guter Energiehomogenität bei gleichzeitig hoher Intensität relativ leicht herstellen. Wegen der entgegengesetzten elektrischen Ladungen der beiden Teilchenarten können sie mittels Ablenkmagneten sowohl zusammengeführt als auch wieder getrennt werden. Die zweite Methode des Holländers van der Meer beruht auf der Feststellung der Richtung der bewegten Antiprotonen mittels einer Sonde. Ein Signal sorgt dann an einer anderen Stelle des Speicherrings dafür, daß dieses Teilchen durch einen Magneten einen Stoß erhält, der die Bewegungsrichtung korrigiert. Durch Wiederholung dieses Vorgangs können bei entsprechend vielen Umläufen nach und nach alle Teilchen auf die richtige, einheitliche Bahn gebracht werden. Allerdings muß derselbe Vorgang mit Sonde, Verstärker und Korrekturmagnet auch noch in vertikaler Richtung angewendet werden; außerdem sind nach demselben Prinzip auch noch die Energieunterschiede der Teilchen zu beseitigen.

Schließlich konnte auch das Problem gelöst werden, die produzierten Antiprotonen auf sehr geringe Geschwindigkeiten herunterzubremsen und diese im sogenannten Low Energy Antiproton Ring (LEAR) bei CERN zu speichern, d.h., eine Art von „magnetischer Flasche" zur Aufbewahrung von Antiprotonen zu schaffen.

Die Erfolge der Experimentalphysiker am CERN in Europa und am Fermilab in den USA haben der Phantasie wieder mächtige Impulse verliehen. Zwar sind die gegenwärtig zur Verfügung stehenden Mengen von Antiprotonen um viele Größenordnungen von dem entfernt, was man für technisch interessante Anwendungen benötigen würde. Dennoch fühlen sich viele Vordenker ermutigt, Gedankengebäude zu errichten, die möglicherweise von der Realität späterer Zeiten nicht weiter entfernt sind, als die heutige Raumfahrt von den einst verlachten Ideen Ziolkowskis oder Hermann Oberths.

Raumfahrt mit Antimaterie-Triebwerken?

Konzepte für die Gestaltung von Raketentriebwerken auf der Basis der Materie-Antimaterie-Zerstrahlung finden sich bereits seit dem Beginn der achtziger Jahre in der seriösen wissenschaftlichen Literatur. Theoretisch ist ja ohne weiteres einzusehen, daß die extrem hohe Reaktionsenergie, die bei der Antimaterie-Materie Annihilation freigesetzt wird, von chemischen oder elektrischen Triebwerken nicht erreicht werden kann. Das Problem der Raumfahrt besteht nun aber gerade darin, Treibstoffe mit einer hohen Energiedichte zu finden, bei denen möglichst viel Energie aus möglichst wenig Masse bereitgestellt wird. Bestimmte Flugaufgaben können mittels Treibstoffen unterhalb einer Mindestenergiedichte überhaupt nicht in Angriff genommen werden. Der Grund dafür liegt in der Tatsache, daß ein Teil der Energie des Treibstoffes für dessen eigene Beschleunigung aufgewendet werden muß. Die Energien der heute üblichen Energieträger von der simplen physikalischen Stahlfeder bis zur nuklearen Kernverschmelzung liegen aber alle um viele Größenordnungen unter jener der Annihilation als Energiequelle. Vergleicht man den Anteil des technisch genutzten Energiebetrages mit der Gesamtenergie, die entsprechend dem Einsteinschen Energieäquivalent der jeweiligen Masse entspricht, so ergibt sich eine enttäuschende Bilanz: Selbst die nuklearen Reaktionen, die in der Raumfahrt heutzutage ohnehin nicht für den Antrieb, sondern lediglich für die Stromversorgung an Bord von Raumfahrzeugen eingesetzt werden, nutzen nur einige Promille der tatsächlich vorhandenen Energie aus. Deshalb hat der bekannte Raketenforscher Eugen Sänger, der den ersten deutschen Lehrstuhl für Raumfahrttechnik in Berlin innehatte, schon Anfang der 50er Jahre sein Konzept der Photonenrakete vorgeschlagen, bei der die aus der Zerstrahlung von Elektronen und Positronen entstehenden Gammaquanten zur Schuberzeu-

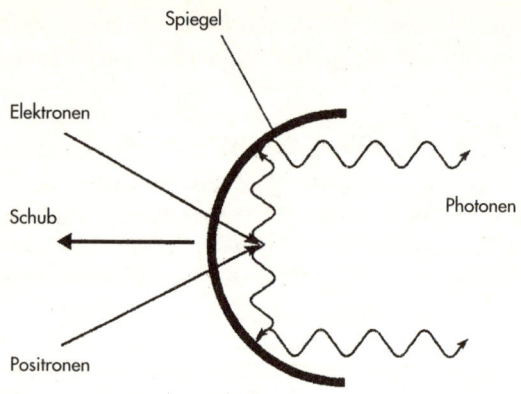

Abb. 20: Prinzip der Photonenrakete nach Eugen Sänger

gung benutzt werden sollen. Da diese entgegengesetzte Impulse aufweisen und der Schub sich somit neutralisiert, wollte Sänger einen Quantenreflektor einsetzen. Leider sind jedoch Reflektoren für hochenergetische Gammaquanten gegenwärtig nicht herstellbar. Bei der Protonen-Antiprotonen-Reaktion entstehen jedoch noch energiereiche Zwischenprodukte, die für den Vortrieb eines Raketentriebwerkes geeignet erscheinen. Es gibt aber auch eine andere Möglichkeit, bei der ebenfalls Antiprotonen verwendet werden: die Aufheizung eines Trägergases durch Zerfallsprodukte. Das hoch aufgeheizte Gas expandiert anschließend durch eine Düse. Dadurch ergibt sich sowohl eine hohe Ausströmgeschwindigkeit als auch ein hoher Massendurchsatz, der den Schub charakterisiert. Ein Vorschlag geht von einer mit Wasserstoff gefüllten Brennkammer aus, in die Antiprotonen eingeschossen werden. Die bei der Zerstrahlung auftretende Energie bewirkt die Aufheizung in Bruchteilen einer Sekunde. Dann schießt das Gas durch eine Düse nach außen – ein Vorgang, der sich periodisch wiederholt (intermittierender Betrieb).

Der Bau von Teilchenbeschleunigern, in denen Antiprotonen in größeren, wenn auch nicht „wägbaren" Mengen hergestellt werden können, führte zu immer konkreteren Studien über Annihilationstriebwerke. Sowohl die Herstellungsmöglichkeiten wie auch die Probleme der Speicherung von Antimaterie an Bord eines Raumfahrzeuges wurden detailliert untersucht, wobei insbesondere auch die inzwischen viel besseren Kenntnisse der Antiteilchenreaktionen eine seriöse Basis für die Konzepte darstellten. Einen Meilenstein auf diesem Wege stellte 1987 der Rand-Workshop „Antiproton Science and Technology" dar. Hier wurden erstmals alle diesbezüglichen Fragen von der Herstellung bis zur Anwendung von Antiprotonen und Antiwasserstoff von Experten aus aller Welt diskutiert. Schließlich konnte 1989 erstmals gezeigt werden, wie mittels eines Antiprotonenantriebs mit Wolframabschirmung eine Mission zum Planeten Mars konkret aussehen könnte. Auch weitere experimentelle Fortschritte folgten. So konnten 1992 erstmals binnen einer Stunde rund 100 000 Antiprotonen in einer nur 12 cm großen Ionenfalle gesammelt und gespeichert werden. Alle diese Arbeiten erinnern an die frühen Überlegungen und Experimente der Raumfahrtpioniere, die zunächst von der praktischen Realisierbarkeit ebenfalls noch sehr weit entfernt waren, aber doch bahnbrechend zur Verwirklichung von Raumfahrt beitrugen und damit einen zunächst für verrückt gehaltenen Gedanken in die Tat umsetzen halfen. Niemand, der die Geschichte der Technik im Blick hat, kann heute mehr daran zweifeln, daß auch die Antimaterietriebwerke durchaus keine reinen Phantasiegebilde mehr sind, wenn auch ihrer technischen Verwirklichung gegenwärtig noch zahlreiche Schwierigkeiten im Wege stehen. In einer neueren Arbeit über „Antimaterie-Annihilationstriebwerke für interplanetare Raumfahrtmissionen" hat Felix M. Huber die Problematik vor allem unter dem Gesichtspunkt der Effizienz untersucht. Nicht spekulative Technologiesprünge bezüglich der Herstellung und Lagerung von Antimaterie stehen im Mittelpunkt der Arbeit, sondern die Abschätzung des Wirkungsgrades eines solchen Antriebs nach dem jetzigen Stand. Sollte sich dabei herausstellen, so der Autor, daß der Wirkungsgrad für eine technische Nutzung nicht hinreichend ist, brauchte man sich der Herstellung eines Antriebs und der Produktion ausreichender Mengen Antimaterie gar nicht erst zuzuwenden. Doch die Studie kommt zu einem hoffnungsvolleren Resultat: Aus den Ergebnissen einer Simulation bestimmt der Autor die Daten für ein Triebwerk, wie man es für eine Mission zum roten Planeten Mars benötigen würde. Dabei stellt sich heraus, daß man unter Einsatz von Antimaterie mit einem Viertel der Masse für das Raumfahrzeug auskommt, die bei Verwendung eines herkömmlichen chemischen Antriebs erforderlich wäre. Die erforderliche Menge an Treibstoff aus Antimaterie bewegt sich erwartungsgemäß im Bereich von Bruchteilen eines Gramms! Würde man bereit sein, die bei herkömmlichen Triebwerken erforderliche Masse beizubehalten, könnte die gesamte Mission in deutlich kürzerer Reisezeit absolviert werden. Man brauchte dann weniger als ein Jahr, um zum Mars zu gelangen und bewegt sich damit in Zeiträumen, die von Menschen unter den Bedingungen der Schwerelosigkeit an Bord der sowjetisch-russischen MIR-Station bereits ausprobiert wurden.

Damit ist allerdings noch nicht gesagt, daß Antimaterie-Triebwerke kurz vor ihrer Verwirklichung stünden. Auf diesem Weg türmen sich noch mannigfaltige Probleme auf. So vermögen die gegenwärtig zur Herstellung von Antiprotonen eingesetzten Beschleunigerringe lediglich ein Hunderttausendstel der benötigten Mengen an „Treibstoff" bereitzustellen. Doch schon manches große Problem ist gelöst worden, nachdem zunächst nur im Laborversuch bescheidenste Hoffnungen erweckt worden waren. Immerhin läßt die Studie von Huber deutlich werden, daß Antimaterie-Triebwerke kein prinzipiell sinnloses Unterfangen darstellen. Das machen auch neuere Überlegungen einer Forschungsgruppe aus den USA deutlich: dort will man einen „Hybrid Fission Fusion Antrieb" einsetzen, der mit vergleichsweise geringen Mengen an Antiprotonen auskommt. Sollte sich die Idee verwirklichen lassen, hofft man mit ein bis zehn Mikrogramm Antimaterie ein Raumschiff zum Jupiter und zurück befördern zu können.

In seinem Buch „Materie und Antimaterie" zitiert Herwig Schopper, der mehrere Jahre Direktoriumsmitglied des Europäischen Zentrums für Kernforschung gewesen ist, die Antwort des Rand-Berichtes auf die Frage, warum man am Antimaterie-Problem trotz der enormen Schwierigkeiten unbedingt weiterarbeiten sollte: „Erstens wäre der Nutzeffekt, falls sich ein Erfolg einstellt, einmalig hoch. Zweitens könnte ... geklärt werden, ob wenigstens die fundamentalen Schwierigkeiten beseitigt werden können ... Drittens stellt die Beschäftigung mit fundamentalen Ja-Nein-Ungewißheiten eine interessante und produktive Anstrengung dar, die zur Befruchtung vieler physikalischer und technischer Disziplinen führen würde."[13]

Waffensysteme und andere Anwendungen

Keine bahnbrechende neue Erkenntnis, die nicht auch ihr Doppelgesicht hätte! Alle großen Entdeckungen der Naturwissenschaft und Technik bergen die Gefahr in sich, entgegen den oftmals naiven Träumen der Forscher auch zum Schaden der Menschen angewendet zu werden. Ob Raketentechnik, Kernspaltung oder Gentechnologie – jede große technische Innovation trägt einen Januskopf. Auch die Entdeckung der Antimaterie hat – zumindest in der Science Fiction – längst das Arsenal moderner Zerstörungswaffen bereichert. Wenn heute eine Konferenz über die praktischen Perspektiven der Antimaterie stattfindet, bleibt die Waffentechnik dabei nicht ausgeklammert. Auf der Tagung über Antiprotonenphysik im wallisischen Villars im Jahre 1987 sprach unter anderem R. Forward von der Hughes Aircraft im Auftrag der US Airforce zum Problem der Raketenantriebe mit Antimaterie. Dabei streifte er auch die Waffenproblematik und erklärte, daß von einer militärischen Anwendung der Antimaterie keine Rede sein könne. Ähnlich wie bei den Raketentriebwerken ist eine Antimateriewaffe angesichts der enormen Energiemengen, die bei der Zerstrahlung frei werden, natürlich nicht prinzipiell ausgeschlossen, sondern lediglich wegen der zur Zeit zur Verfügung stehenden geringen Mengen an Antiprotonen nur in weite Ferne gerückt. Jedenfalls hat der Vortrag von Forward die allgemeine Haltung der Verantwortlichen damals bekräftigt, daß die finanzielle Unterstützung für die Antimaterieforschung hinausgeworfenes Geld wäre.

Andere Anwendungen von Antiteilchen – außerhalb der physikalischen Grundlagenforschung – gehören hingegen heute schon zum Alltag. So gelang es amerikanischen Medizinern des National Institutes of Health unweit Washington z. B. schon in den siebziger Jahren, Positronen für die Hirnforschung einzusetzen. Einem Patienten wird dabei radioaktiver Zucker injiziert, bei dessen Zerfall Positronen freigesetzt werden. Treffen diese im Blut des Patienten auf Elektronen, kommt es zu Zerstrahlungen und damit zur Emission von Röntgenstrahlung. Aus der Messung dieser Strahlung läßt sich ableiten, wo im menschlichen Gehirn gerade am meisten Zucker verbrannt wird. Das Verfahren nennt sich Positronen-Emissions-Tomographie und gibt anhand des Zuckerstoffwechsels einen direkten Einblick in das Hirngeschehen während verschiedener Aktivitäten, wie z. B. Sprechen, Rechnen oder Musikhören. Auch Tumore können mit Hilfe der Positronen-Emissions-Tomographie diagnostiziert werden. Während bisher schon Protonen wirkungsvoll zur Therapie von Krebs eingesetzt werden, soll ein Antiprotonen-Strahl noch effizienter sein. Dieser Ansatz wird in den kommenden Jahren unter Mitwirkung von CERN geprüft. Doch damit endet auch schon das Erscheinen von Antiteilchen auf der Bühne des täglichen Lebens. Andere Anwendungen sind Zukunftsmusik und werden es wohl noch geraume Zeit bleiben.

So stellt die Antimaterie-Forschung zwar viele grundlegende Erkenntnisse bereit, ist geeignet, das gegenwärtige physikalische Weltbild vielleicht sogar zu erschüttern oder die Lebensgeschichte des Universums besser zu verstehen, doch in unserem Alltag werden wir sie wohl noch lange vergebens suchen. Ob allerdings ein Buch über Antimaterie in 20 Jahren auch an dieser Stelle enden wird, ist eine offene Frage.

Literatur und Anmerkungen

1 Rudolf Kippenhahn, Atom-Forschung zwischen Faszination und Schrecken, Stuttgart 1994, S. 40

2 Arnold Sommerfeld, Atombau und Spektrallinien, 4. Auflage, Braunschweig 1924, S. III

3 Zitat nach Herwig Schopper, Materie und Antimaterie. Teilchenbeschleuniger und der Vorstoß zum unendlich Kleinen, München–Zürich 1989, S. 185

4 Spinnerei in der Cafeteria. Interview mit Walter Oelert über die Erzeugung von Antimaterie. In: DER SPIEGEL, Nr. 3 v. 15. 1. 1996, S. 168

5 Jochen Walz u. a., Cold antihydrogen atoms, Appl. Phys. B77 (2003), p. 713–717

6 Arthur Schuster, Potential Matter. A Holiday Dream, In: Nature, August 18, 1998, p. 367
Zitat nach Walter Oelert, Antimaterie – erwartet und gefunden, was nun? Skript Naturwissenschaftlicher Verein Bielefeld 1996

7 Siehe Anm. 4

8 Hannes Alfvén, Kosmologie und Antimaterie, Frankfurt/M. 1967, S. 63

9 Dieter Grzonka/Walter Oelert/Jochen Walz, Experimente mit der „Antiwelt". In: Physik Journal 5 (2006) Nr. 3, S. 37–43

10 Gerald Gabrielse et al., Antihydrogen Production within a Penning-Ioffe Trap, Physical Review Letters 21, March 2008, 113001-1 ff.

11 Jack Williamson, Antimaterie-Bombe, München 1970 (= Heyne-Buch Nr. 06/3978)

12 Lawrence M. Krauss, Die Physik von Star Trek, München 1996 (= Heyne-Buch 0605549)

13 Herwig Schopper, Materie und Antimaterie, siehe Anm. 3, S. 225

Register